Synthese und Anwendung eines neuen Spinlabels und Untersuchung der Assoziation von Nukleobasen-funktionalisierten Transmembranpeptiden in Lipiddoppelschichten

Dissertation
zur Erlangung des mathematisch-naturwissenschaftlichen Doktorgrades
„Doctor rerum naturalium“
der Georg-August-Universität Göttingen

vorgelegt von
Sven Stoller
aus Strezevoj

Göttingen, 2010

Bibliografische Information der Deutschen Nationalbibliothek

Die Deutsche Nationalbibliothek verzeichnet diese Publikation in der Deutschen Nationalbibliografie; detaillierte bibliografische Daten sind im Internet über http://dnb.d-nb.de abrufbar.

1. Aufl. - Göttingen : Cuvillier, 2011

Zugl.: Göttingen, Univ., Diss., 2010

978-3-86955-752-6

Referent: Prof. Dr. Ulf Diederichsen

Korreferent: Prof. Dr. Claudia Steinem

Tag der mündlichen Prüfung: 3.12.2010

Nonnenstieg 8, 37075 Göttingen

Telefon: 0551-54724-0

Telefax: 0551-54724-21

www.cuvillier.de

1. Auflage, 2011

Gedruckt auf säurefreiem Papier

978-3-86955-752-6

Gewidmet meinem Großvater

Wilhelm Stoller

Die vorliegende Arbeit wurde in der Zeit von April 2007 bis November 2010 am Institut für Organische und Biomolekulare Chemie der Georg-August-Universität Göttingen unter der Leitung von Prof. Dr. Ulf Diederichsen angefertigt.

Mein besonderer Dank gilt meinem Doktorvater, Herrn Prof. Dr. Ulf Diederichsen, für die interessanten Themenstellungen, die gewährte wissenschaftliche Freiheit sowie für die uneingeschränkte Unterstützung und stete Diskussionsbereitschaft.

Herzlicher Dank gebührt Herrn Prof. Dr. Ulf Diederichsen und Frau Prof. Dr. Claudia Steinem für die anregenden, fachlichen Diskussionen, die konstruktive Kritik und die wertvollen Ratschläge, die sehr zu dem Gelingen dieser Doktorarbeit beigetragen haben. Ebenso gilt mein Dank Frau Prof. Dr. Marina Bennati und insbesondere Dr. Giuseppe Sicoli für die hervorragende Zusammenarbeit und die sachkundige Unterstützung.

Allen Mitgliedern der Arbeitsgruppe möchte ich für die Hilfsbereitschaft und die gute Atmosphäre danken, die die Arbeit sehr erleichter hat.

Den Mitarbeitern aller Serviceabteilungen der chemischen Institute danke ich für die freundliche Unterstützung, insbesondere den analytischen Abteilungen für die Aufnahme meiner Massen- und NMR-Spektren.

André Nadler, Eike Sachs und Annika Böhm danke ich vielmals für das Korrekturlesen meiner Dissertation.

Besonders bei André Nadler möchte ich mich für seine zuverlässige und stete Hilfsbereitschaft, die fachlichen Ratschläge und Anregungen bedanken.

Desweiteren gilt mein Dank Juliane Gräfe für ihr offenes Ohr sowie ihre großartige Unterstützung im Alltag.

Ein aufrichtiger Dank geht auch an Tobias Schneider, für seine Hilfe und kompetente Unterstützung bei den DFT-Berechnungen.

Weiterhin möchte ich mich bei Daniel Frank für die tatkräftige und zuverlässige Unterstützung sowohl am Rechner als auch im Labor bedanken.

Bei meinen Laborkollegen Eike, Stefan, Ursula, Marian, Philipp, Elina, Xianzhi und Lena bedanke ich mich für die gute Stimmung.

Annika Groschner, Stefanie Scholz, Juliane Gräfe, Julian Strohmeier, André Nadler und Daniel Frank danke ich für die guten Gespräche, die mir gerade während der Endphase meiner Doktorarbeit eine willkommene Abwechslung zum Laboralltag waren.

Schließlich danke ich meiner Familie für die großzügige Unterstützung während des ganzen Studiums und der Promotionszeit, ohne die diese Arbeit nicht möglich gewesen wäre.

Ich danke dir Annika für die Unterstützung, deine Geduld und die schöne gemeinsame Zeit.

Inhaltsverzeichnis

1. Einleitung und Zielsetzung

Proteine stellen einen essentiellen Bestandteil der lebenden Organismen dar und erfüllen eine Vielzahl von Aufgaben. Sie sind für die Form und die Stabilität von Zellen und Gewebe verantwortlich, können mechanische und elektrochemische Kräfte erzeugen oder dienen als Speicherproteine. Darüber hinaus wirken sie als Signalstoffe und Hormonrezeptoren in biochemischen Signalketten. Zu ihren Aufgaben zählen insbesondere die Katalyse des zellulären Metabolismus, der Transport diverser Stoffe und der Schutz des Organismus vor Krankheitserregern und körperfremden Substanzen.[1]

Etwa dreißig Prozent der im Genom einer tierischen Zelle kodierten Proteine sind Membranproteine.[2] Diese sind hauptsächlich für den Informations- und Stoffaustausch zwischen der Zelle und ihrer Umgebung verantwortlich. *Peter Agre* gelang es 1988 den Wasserkanal *Aquaporin-1* zu isolieren.[3] Dieses Membranprotein bildet transmembrane Poren und ist für einen selektiven Transport von kleinen nichtionischen Molekülen durch die Biomembran verantwortlich.[4] Im Jahre 1998 veröffentlichte *R. MacKinnon* die erste räumliche Struktur des Kaliumkanals.[5] Beide Forscher erhielten für diese Arbeiten den Chemie-Nobelpreis des Jahres 2003.

Die Vielzahl der biologischen Prozesse ist insbesondere auf Grund der strukturellen Komplexität und der intermolekularen Wechselwirkungen der Proteine möglich. Fehlfaltung der Proteine ist ursächlich für eine Reihe von Erkrankungen wie die Alzheimer-, Parkinson und Creutzfeldt-Jakob-Krankheit sowie Diabetes mellitus vom Typ II. Das Amyloid-β-Peptid ist ein Hauptbestandteil der unlöslichen Proteinablagerungen im Gehirn von Alzheimerpatienten. Die Toxizität dieses Peptids beruht vermutlich auf der Ausbildung von intermediären β-Faltblatt-Aggregaten und der damit einhergehenden Entstehung von Poren in der Zellmembran.[6]

Um den Prozess der Aggregation zu verstehen, sind Untersuchungen zur Struktur der Intermediate notwendig. Die Anzahl der geeigneten Untersuchungsmethoden ist auf Grund der Anforderungen an die Probe stark limitiert. Obwohl die Röntgenstukturanalyse eine Standardmethode bei der Bestimmung von Molekülstrukturen darstellt, ist die Kristallisation von Membranproteinen oder Proteinkomplexen immer noch eine Herausforderung. Außerdem wird die Proteinstruktur möglicherweise durch die Kristallisation verändert und bildet nicht die biologisch aktive Spezies ab.[7] Festphasen-NMR und NMR-Methoden in Lösung sind zur Strukturaufklärung derartiger Systeme nur bedingt geeignet, weil sie relativ hohe Proteinkonzentration benötigen. Dagegen hat sich die Verwendung von komplementären spektroskopischen Methoden wie z. B. der CD- und Fluoreszenz-Spektroskopie bewährt, auch wenn es bei diesen allgemeineren Methoden zu Überinterpretationen der Ergebnisse kommen kann.[8]

Durch die Weiterentwicklung der EPR-Spektroskopie vor allem in der letzten Dekade steht nun ein weiteres vielversprechendes Werkzeug zur Verfügung.[9] Die EPR-Spektroskopie eignet sich für die Untersuchungen der schwer zugänglichen Protein-Membran-Systeme und liefert hochaufgelöste Strukturinformationen wie die Abstände zwischen den Markierungen sowie deren wechselseitige Orientierung.[10] Außerdem sind Aussagen über die Orientierung der Peptide in Lipidmembranen möglich.[11] Zusätzlich kann auch die Membrangängigkeit von Proteinen bestimmt werden.[12] Allerdings ist die Qualität der Informationen auf Grund der flexiblen Linker zwischen der Spin-Markierung und dem Peptidrückgrat begrenzt.

Ein Ziel dieser Arbeit ist das Design und die Synthese einer neuen Spin-markierten Aminosäure, welche eine optimale Nutzung der neuen Techniken der EPR-Spektroskopie ermöglicht. Die Aminosäure soll durch eine rigide Konformation und eine definierte Orientierung der Markierung im Bezug zum Peptidrückgrat direkte Rückschlüsse auf die Konformation der Peptide und ihre Ausrichtung in Lipidmembranen ermöglichen. Weiterhin ist es vorgesehen die Funktionalität der neuen Aminosäure an einem Peptid mit zwei Markierungen durch die Bestimmung des Abstands sowie der wechselseitigen Orientierung der Sonden zu demonstrieren.

Zur Untersuchung von Biomolekülen haben sich zudem Modellsysteme bewährt. In dieser Arbeit sollen Modellpeptide dazu verwendet werden, das Potential der Wasserstoffbrückenbindungen zur Assoziation von Sekundärstrukturen der integralen Membranproteine im Hinblick auf die Porenbildung zu ermitteln. Dazu sollen D,L-alternierend konfigurierte Peptide mit Erkennungseinheiten versehen und in Lipidmembranen auf die Ausbildung von höheren Aggregaten untersucht werden. Zur Assoziation der Modellpeptide sollen Alanyl-Nucleoaminosäuren verwendet werden und die Bestimmung der Aggregate soll mittels FRET-Methode (Förster-Resonanz-Energie-Transfer) in großen unilamellaren Vesikeln (LUVs) erfolgen.

Weiterhin sollen β-Peptide, die aus nicht proteinogenen β^3-Aminosäuren aufgebaut sind und auf Grund der repetitiven Struktur der 3_{14}-Helix interessante Modellsysteme für die Untersuchung der intermolekularen Wechselwirkungen darstellen, auf ihr Potential als Transmembraneinheiten untersucht werden.

2. Nitroxid-markierte chirale α-Aminosäure

2.1 *Spinlabels in der EPR-Spektroskopie*

In den vergangenen Jahrzehnten gab es wesentliche Fortschritte auf dem Gebiet der EPR-Anwendungen. Den Anstoß dazu gaben die Entwicklung von schnelleren Rechnern, gepulsten Mikrowellenquellen sowie supraleitenden Magneten mit der Eigenschaft, das Magnetfeld mit der Zeit möglichst linear ändern zu können.[9] Diese Fortschritte ermöglichten die Anwendung von Multipulsexperimenten in der EPR Spektroskopie. *Bennati* und *Prisner* bestimmten 2005 mittels PELDOR (pulsed electron double resonance) Spektroskopie den Abstand und die Orientierung von Biradikalen in der Ribonukleotidreduktase.[10, 13] Aktuell werden die Spinsonden in der EPR-Spektroskopie überwiegend zur Bestimmung von Abständen und zur Untersuchung lokaler Polarität oder der Dynamik von Biomolekülen eingesetzt.[8, 12b, 14]
In biologischen Systemen sind zwei Arten von paramagnetischen Molekülen vertreten: Aromatische organische Radikale und Ionen oder Komplexe von Übergangsmetallen wie sie in Hämen oder Eisen-Schwefel-Clustern vorkommen. Zu den organischen Radikalen gehören Chinone, Amino- oder Nucleinsäuren, die einen paramagnetischen Übergangszustand in Elektronentransfer-Reaktionen annehmen können.[13a] Diese Verbindungen weisen ein ungepaartes Elektron auf und gehören zu $S=\frac{1}{2}$ Spinsystemen. Ionen oder Komplexe von Übergangsmetallen wie Mangan oder Eisen besitzen in einigen Oxidationsstufen mehr als ein ungepaartes Elektron, was zu einem High-Spin-Zustand ($S>\frac{1}{2}$) führen kann. Dabei tritt zusätzlich die Nullfeldaufspaltung (zero-field splitting, ZFS) auf, die zwar Information über die Koordinationssymmetrie des Metallions enthält, in der Regel jedoch zu komplexen EPR-Spektren führt.[13a, 15]
In der Natur machen Metallzentren einen Großteil der paramagnetischen Markierungen aus. Organische Spinlabels wie Tyrosinradikale sind kurzlebig, können aber in biologischen Makromolekülen stabilisiert werden.[7, 16] Sie machen nur einen Bruchteil der natürlichen Markierungen aus. Synthetische organische Spinlabels basieren vorwiegend auf stabilen Nitroxidradikalen.
Die Stabilität einer Nitroxidgruppe beruht auf der starken Dreielektronen-Stickstoff-Sauerstoffbindung, in der die Elektronen delokalisiert sind. Entscheidend für die Stabilität ist die Wahl der Substituenten am Stickstoffatom. Eine erweiterte Konjugation durch einen

Phenylring wirkt sich destabilisierend aus, da das Radikal über den Ring delokalisiert wird und so für Abbauprozesse zur Verfügung steht (Abbildung 1).[17]

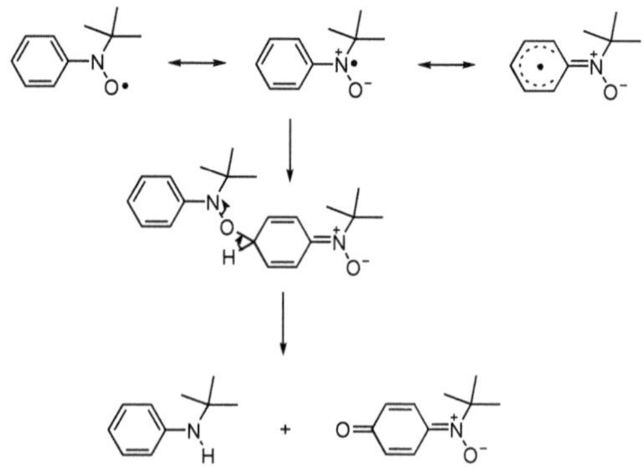

Abbildung 1: Abbauprozess von *tert*-Butylphenylnitroxid.

Heteroatome wirken sich als Substituenten ebenfalls destabilisierend aus. Die Stabilität der Nitroxide mit sp^3-hybridisierten α-Kohlenstoffatomen als Substituenten ist sehr von der Verfügbarkeit der β-Wasserstoffatome abhängig. Diese ermöglichen eine Disproportionierung der Nitroxide zu Nitronen und Hydroxylaminen und führen zum Abbau der Radikale (Abbildung 2).[18]

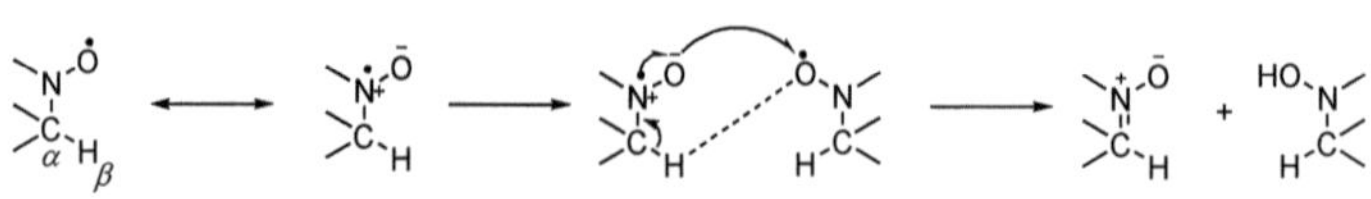

Abbildung 2: Disproportionierung der Nitroxide zu Nitronen und Hydroxylaminen.

Bis(1,1-dimethylethyl)nitroxid weist zwei *tert*-Butylgruppen auf, die das Radikal sterisch abschirmen und dadurch zusätzliche Stabilität verleihen (Abbildung 3). Diese Verbindung bildet das Grundgerüst der meisten Nitroxidlabels.

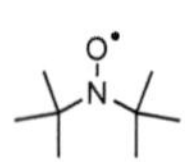

Abbildung 3: Struktur von Bis(1,1-dimethylethyl)nitroxid.

Eine Vielzahl von Nitroxid-Markierungen für DNA und RNA (Abbildung 4) sowie für Proteine und Peptide (Abbildung 5) sind bereits bekannt.[14d, 19]

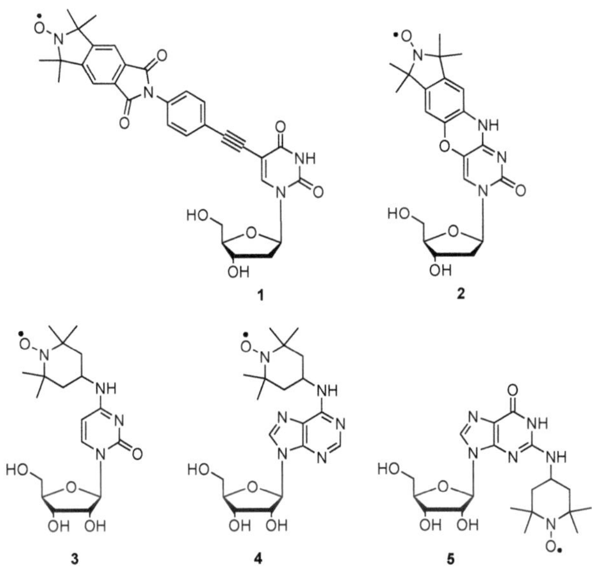

Abbildung 4: Einige ausgewählte Spin-markierte Nukleoside **1** bis **5**.

Nitroxid-Bausteine der DNA oder der RNA können direkt durch die Festphasensynthese in die Oligomere eingeführt werden.[19e] Häufiger werden funktionalisierte Nukleoside durch die Festphasensynthese in Oligonukleotide eingebaut und diese an der Festphase mit Spinsonden verknüpft.[20] Eine positionsspezifische Einführung von Nitroxid-markierten Nukleotiden durch die DNA-Polymerase ist ebenfalls möglich.[21]

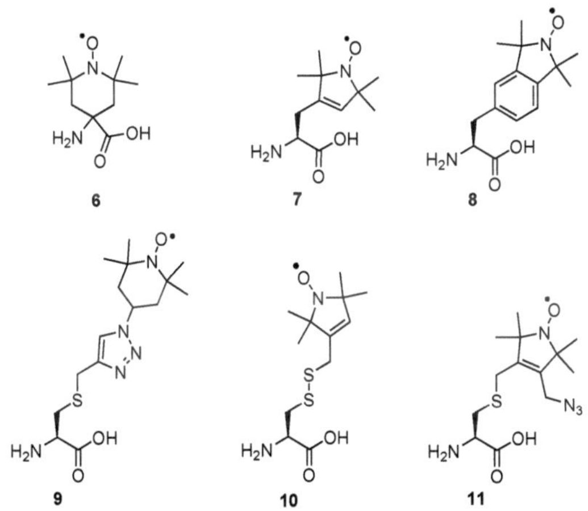

Abbildung 5: Einige ausgewählte Spin-markierte Aminosäuren **6** bis **11**.

Nitroxid-markierte Aminosäuren können mittels Festphasensynthese in die Peptide integriert werden.[22] Proteine werden in der Regel mit dem Methanthiosulfonat-Spinlabel (MTSSL) markiert, das über eine Disulfidbrücke selektiv mit dem Cysteinrest verknüpft werden kann.[14a] Ein paramagnetischer Gd^{3+}-Komplex ($S = \frac{7}{2}$) wurde 2010 von *Potapov et al.* als Spinmarkierung für die Proteine zur Abstandsmessung verwendet.[14b] Der Komplex wurde mit dem Cysteinrest über eine Disulfidbrücke verknüpft (Abbildung 6).

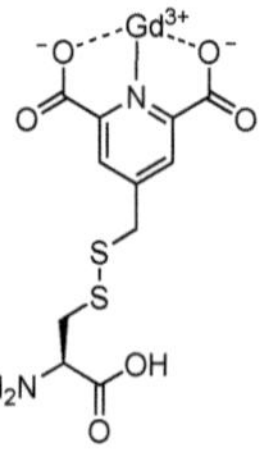

Abbildung 6: Gd^{3+}-Spinsonde, verknüpft über eine Disulfidbrücke mit Cystein.

Nur wenige Spinlabels sind in ihrer Bewegungsfreiheit eingeschränkt, so dass genaue Abstände oder sogar die räumliche Orientierung der Sonden ermittelt werden können. Nukleosid **2** (Abbildung 4), das eine starr mit der Cytosinbase verknüpfte Nitroxidgruppe enthält, wurde erfolgreich zur Untersuchung der wechselseitigen Orientierung von zwei Spinsonden in der DNA verwendet.[23]

Mit Ausnahme von TOAC (**6**) sind alle bekannten Spin-markierten Aminosäuren in ihrer Bewegungsfreiheit nicht eingeschränkt (Abbildung 5). Eine Spinsonde (SL) beschreibt durch die Rotation um die *αC-βC*-Achse bereits einen Kegel (Abbildung 7). Jede weitere Rotation, zum Beispiel um die *βC-γC*-Achse, erhöht die Beweglichkeit der Sonde und ihr möglicher Aufenthaltsraum wird größer. Eine definierte Ausrichtung der Nitroxidgruppe im Bezug zum Peptidrückgrat ist nicht mehr gegeben.

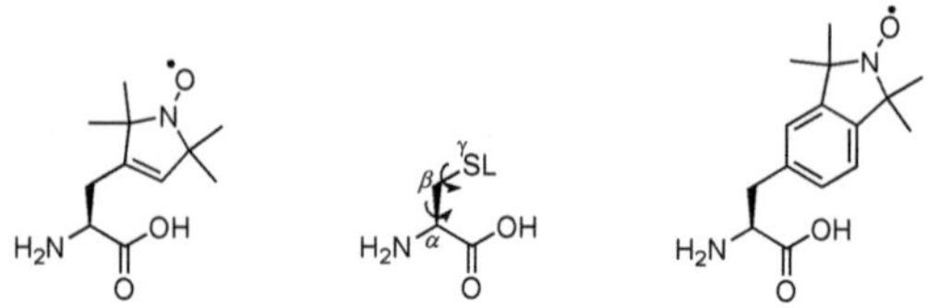

Abbildung 7: Strukturen von zwei Spin-markierten Aminosäuren (rechts und links) und die Rotationsachsen der Spinsonde (SL) (in der Mitte) sind dargestellt.

TOAC (**6**), eine achirale Aminosäure, wurde zur Ermittlung der Orientierung von Membranpeptiden im Bezug zur Lipiddoppelschicht eingesetzt.[24] Für diese Untersuchung wurden Kristallstrukturen von anderen Oligopeptiden, in denen die Aminosäure TOAC (**6**) in einer Twist-Konformation vorliegt, zugrunde gelegt.[25] Weitere Kristallstrukturen zeigen vier weitere Konformationen der Aminosäure.[26] Entsprechend ist der Winkel zwischen der z-Achse der Nitroxidgruppe (Abbildung 8) und dem Peptidrückgrat für jede Konformation der Aminosäure unterschiedlich. Für eine α-Helix beträgt der Winkel 10 ° bis 65 °, so dass die oben genannte Untersuchung kritisch zu betrachten ist.[27] Da das α-Kohlenstoffatom von TOAC (**6**) sowohl am Sechsring der Aminosäure als auch am Peptidrückgrat beteiligt ist, wirkt sich das Grundgerüst des Peptides auf die Konformation von TOAC (**6**) aus.[26, 28] Außerdem betragen die Energieunterschiede zwischen den Konformationen ca. 1 kcal/mol, so dass unterschiedliche Konformationsisomere gleichzeitig vorkommen können.[28] *Milov et al.* haben 1999 mittels PELDOR (bei 77 K) den Abstand zwischen zwei TOAC-Bausteinen in einem Oligopeptid gemessen und eine Unschärfe von ca. 2 Å festgestellt, die sie auf verschiedene Konformationen von TOAC zurückführten.[29] Folglich ist noch keine Spin-markierte Aminosäure bekannt, in der die Nitroxidgruppe so starr mit dem α-Kohlenstoffatom verknüpft ist, dass die räumliche Orientierung der Sonden in einem Peptid ermittelt werden könnte.

2.2 Design einer starren Nitroxid-markierten Aminosäure

Um eine genaue Bestimmung von Abständen zu erreichen und möglichst viel Information aus der Orientierung der Spinsonden zu erhalten, ist ein System notwendig, das starr mit dem Rückgrat des Peptides oder Proteins verbunden ist. Eine Nitroxid-markierte chirale α-Aminosäure weist mindestens die αC-βC-Rotationsachse auf. Dennoch bleiben die Position der Nitroxidgruppe und ihre Orientierung in x-Richtung erhalten, wenn die Nitroxidbindung und die αC-βC-Bindung auf einer starren Rotationsachse liegen (Abbildung 8).

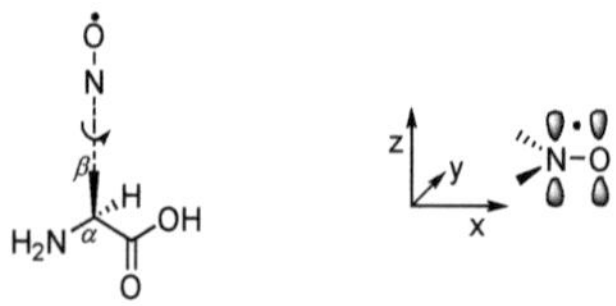

Abbildung 8: Schematische Darstellung einer Nitroxid-markierten Aminosäure mit dem α-Kohlenstoffatom und der Nitroxidbindung auf einer Rotationsachse (links). Hauptachsensystem des g-Tensors der Nitroxidbindung (rechts).

Zwei Modellverbindungen mit der Symmetrie der Punktgruppe C_{2v} sind besonders geeignet: ein Sechsring mit einem konjugierten System aus drei Atomen sowie ein Fünfringsystem, das mit einem weiteren aromatischen Fünfring verknüpft ist (Abbildung 9). Beide Verbindungen sind aufgrund des sp^2-hybridisierten Stickstoffatoms der Nitroxidgruppe, der sterischen Hinderung der vier Methylgruppen sowie der Planarität des konjugierten Teilsystems rigide und annähernd planar.

Abbildung 9: Schematische Darstellung von zwei Spinsonden mit der Symmetriegruppe C_{2v} (delokalisierte Elektronen und die entsprechenden Atome sind mit blau hervorgehoben).

Ausgehend von diesen Überlegungen wurden 2,2,6,6-Tetramethyl-3,5-dioxopiperazinyloxyl (**12**) und Verbindung **13** als geeignete Spinsonden für die Verknüpfung mit einer α-Aminosäure ausgewählt (Abbildung 10).

12 13

Abbildung 10: Strukturformeln der Spinsonden **12** und **13**.

Die Synthese der Spinsonde **12** ist aus der Literatur bekannt.[30] Ausgehend von der Verbindung **12** muss bei der Synthese der Nitroxid-markierten Aminosäure eine Imid-Kohlenstoff-Bindung hergestellt werden. Dies könnte ein kritischer Schritt in der Synthese werden, da nur wenige entsprechende Reaktionen bekannt sind. Die Synthese der Verbindung **13** wurde in der Literatur noch nicht beschrieben. Ausgehend von der Verbindung **13** könnten Kohlenstoff-Kohlenstoff-Kupplungen genutzt werden.

Eine direkte Verbindung der Spinsonde **12** oder **13** mit dem α-Kohlenstoffatom einer Aminosäure wäre denkbar, erfordert jedoch eine Enantiomerentrennung (Abbildung 11). Weiterhin würden sich die Carbonylsauerstoffe der Verbindung **14** bzw. die NH-Gruppe der Verbindung **15** in unmittelbarer Nähe zum Peptidrückgrat befinden und durch die Ausbildung von Wasserstoffbrückenbindungen möglicherweise die Sekundärstruktur der Peptide beeinflussen.

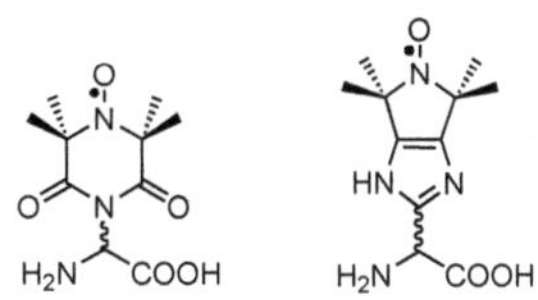

14 15

Abbildung 11: Strukturformeln von zwei starren Nitroxid-markierten Aminosäuren **14** und **15**.

Aus diesem Grund sollten die Spinsonden **12** und **13** nicht direkt an das α-Kohlenstoffatom, sondern an eine Aminosäure, die einen Abstand zum Peptidrückgrat sicherstellt, gekuppelt werden.

In der Abbildung 12 sind fünf theoretisch denkbare Aminosäuren dargestellt, die eine starre Rotationsachse besitzen und somit die Anforderungen für eine rigide chirale α-Aminosäure erfüllen.

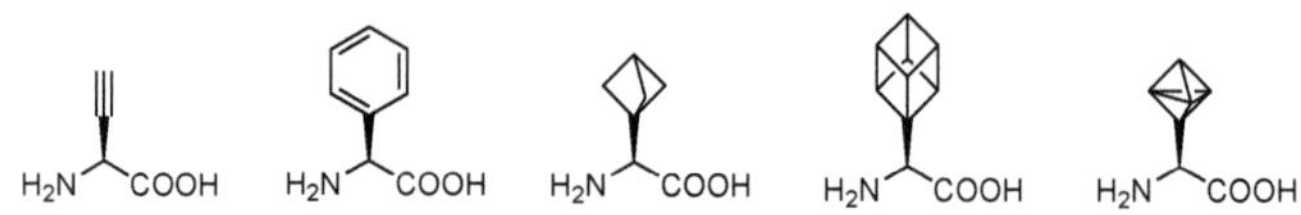

16 17 18 19 20

Abbildung 12: Strukturen der Aminosäuren **16** bis **20**.

Die Verknüpfung der Spinsonden **12** und **13** mit den Aminosäuren **18**, **19** oder **20** stellt auf Grund der hochgespannten Bindungen der Aminosäurereste wahrscheinlich enorme Schwierigkeiten dar. Die Aminosäuren **16** und **17** neigen vermutlich unter den Bedingungen der Bausteinsynthese zur Racemisierung, weil eine negative Ladung am α-Kohlenstoffatom durch Konjugation mit dem Phenylring oder mit der Dreifachbindung stabilisiert wird. Da die Verknüpfung der Spinsonden **12** und **13** mit einem Phenylring synthetisch einfacher erscheint und weil die Dreifachbindung der Aminosäure **16** während der Peptidsynthese zu Nebenreaktionen führen könnte, wurde die Aminosäure **17** ausgewählt.

Derivate von Phenylglycin wurden bereits synthetisch in Peptide eingebaut und haben keinen negativen Einfluss auf die Ausbildung der α-Helix gezeigt.[31] Außerdem kommen Phenylglycinderivate in natürlich vorkommenden D,L-alternierend konfigurierten Peptiden wie Feglymycin vor.[32] Desweiteren konnte die Racemisierung einiger Phenylglycinderivate während der Peptidsynthese durch die Verwendung von 3-(Diethoxyphosphoryloxy)-1,2,3-benzotriazin-4(3*H*)-on (DEPBT) als Kupplungsreagenz unterbunden werden.[33]

Die beiden Aminosäuren **21** und Fmoc-TOPP-OH (**22**) scheinen auf Grund der starren Seitenkette und der kollinearen Ausrichtung der Nitroxidgruppe zur αC-βC-Bindung als Spinlabels zur Untersuchung der Ausrichtung von Transmembranpeptiden in den Lipidmembranen oder zur Ermittlung der wechselseitigen Orientierung von zwei Spinsonden in einer Sekundärstruktur geeignet zu sein (Abbildung 13).

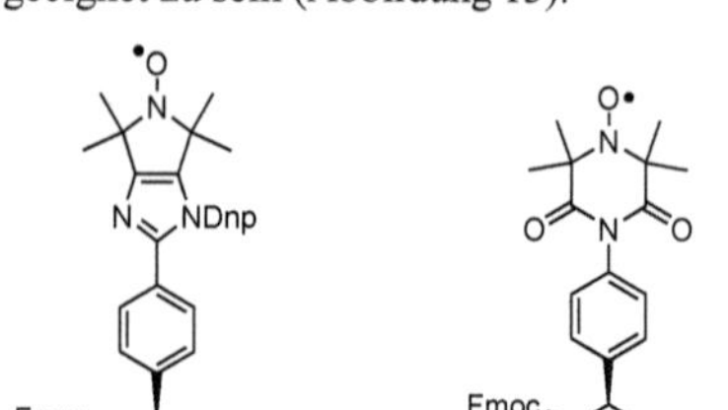

21 22

Abbildung 13: Strukturen der Nitroxid-markierten Aminosäuren **21** und Fmoc-TOPP-OH (**22**). Dnp = 2,4-Dinitrophenyl.

2.3 *Retrosynthese der Aminosäuren 21 und Fmoc-TOPP-OH (22)*

Die Retrosynthese der Verbindungen **23a** und **23b** ist in der Abbildung 14 dargestellt. Ausgehend von Imidazol-4,5-dicarbonsäure (**24**) sollte Benzylimid **25** hergestellt werden. Methylierung der Verbindung **25** sollte zu der Verbindung **23a** und anschließende Bromierung zu der Verbindung **23b** führen.

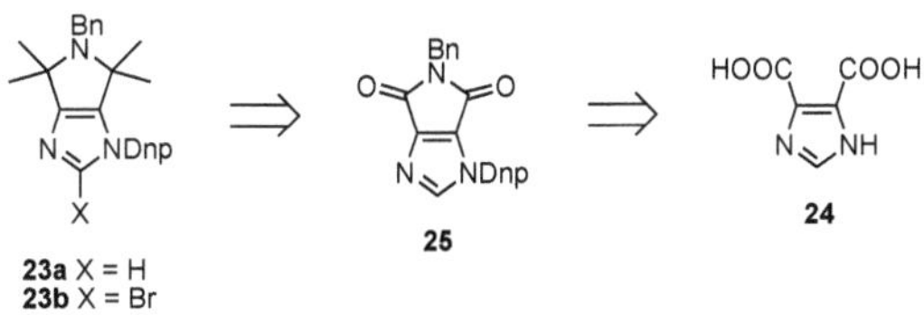

Abbildung 14: Retrosynthese der Verbindungen **23a** und **23b**. Dnp = 2,4-Dinitrophenyl.

Die Aminosäure **21** sollte ausgehend von der kommerziell erhältlichen chiralen L-Hydroxyphenylglycin Aminosäure (**26**) synthetisiert werden (Abbildung 15). Der Schlüsselschritt der Synthese sollte entweder durch die Palladium-katalysierte[34] Verknüpfung der Verbindung **23a** mit dem Tosylat **27** oder durch die Suzuki-Kupplung[35] der Verbindung **23b** mit der Boronsäure **28** erfolgen. Dann sollte eine hydrogenolytische Abspaltung der Schutzgruppen durchgeführt werden. Anschließend sollte die primäre Aminogruppe der Aminosäure mit der Fmoc-Schutzgruppe geschützt und die sekundäre Aminogruppe oxidiert werden.

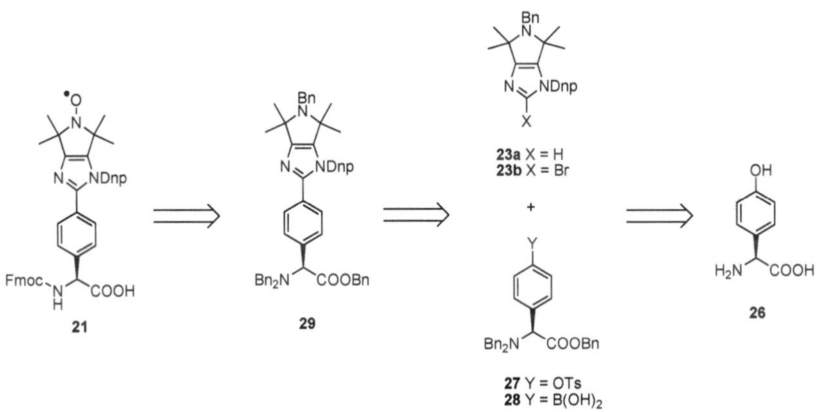

Abbildung 15: Retrosynthese der Verbindungen **21** über die Zwischenstufe **29**.

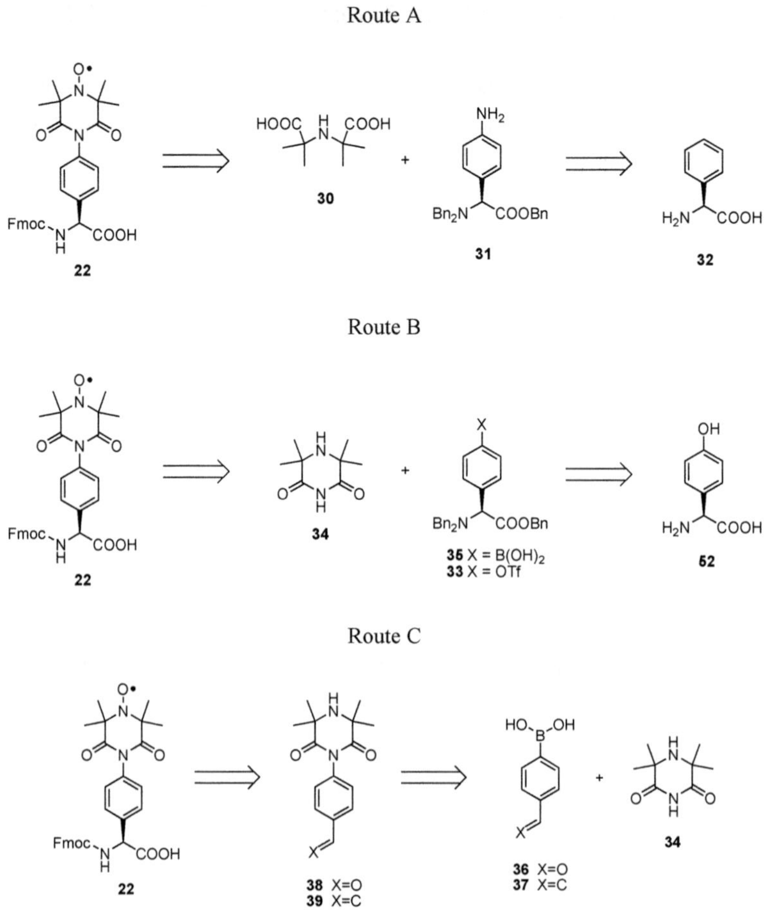

Abbildung 16: Drei Syntheserouten (A, B und C) von Fmoc-TOPP-OH (**22**).

Die Syntheserouten (A, B und C) der Verbindung **22** sind in der Abbildung 16 dargestellt. Im Schlüsselschritt der Syntheseroute A sollte die Kupplung zwischen der Dicarbonsäure **30** und der Aminosäure **31** erfolgen. Die chirale Aminosäure L-Phenylglycin (**32**) sollte zunächst nitriert werden. Dann sollten die Amino- und die Carbonsäuregruppe geschützt und schließlich die Nitrogruppe reduziert werden.

In der Syntheseroute B sollte die Verknüpfung von Triflat **33** und Imid **34** durch die Palladium-katalysierte Buchwald-Hartwig oder die Kupfer(I)-katalysierten Jourdan-Ullmann-Goldberg Reaktion erfolgen. Alternativ könnte aus dem Triflat **33** die Boronsäure **35** synthetisiert werden und die Kupfer(II)-katalysierten Chan-Lam-Kupplung zwischen dem Imid **34** und der Boronsäure **35** durchgeführt werden.

Die Syntheseroute C sollte von dem kommerziell erhältlichen Aldehyd **36** oder Styrolderivat **37** ausgehen. Die Synthese des Phenylimids **38** bzw. **39** sollte bereits im ersten Schritt erfolgen. Dann sollte das Stereozentrum in einer enatiomerenreinen Synthese[36] gebildet werden.

2.4 Synthese der Aminosäuren 21 und Fmoc-TOPP-OH (22)

Die Synthese von 4-(Benzylcarbamoyl)-1*H*-imidazol-5-carbonsäure (**40**) erfolgte ausgehend von der Verbindung **24**, welche zunächst mit Thionylchlorid in Toluol unter Rückfluss erhitzt wurde, danach mit H_2O umgesetzt und anschließend mit Benzylamin und Triethylamin in Dichlormethan unter Rückfluss erwärmt wurde (Abbildung 17).[37]

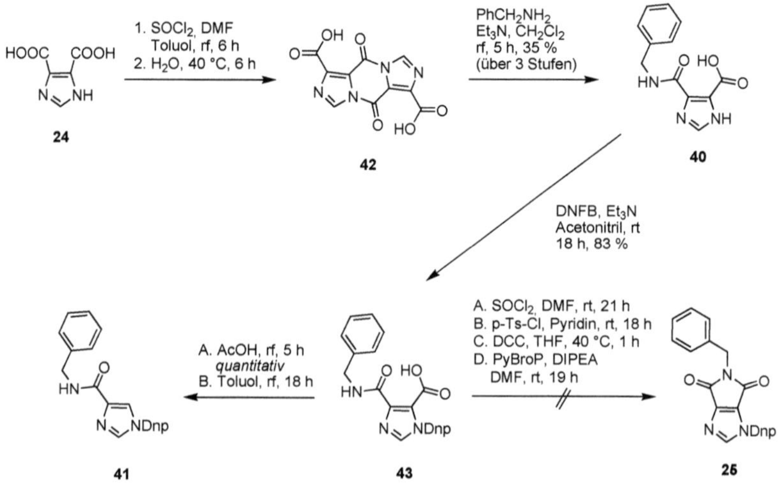

Abbildung 17: Synthese der Verbindung **41**, ausgehend von der Verbindung **24** über die Zwischestufen **42**, **40** und **43**.

Die Zyklisierung der Verbindung **40** sollte durch die Aktivierung der Carbonsäure erfolgen. Damit die Aktivierung nicht zur Dimerisierung führt, wurde das Imidazolderivat **40** mit der 2,4-Dinitrophenyl- (Dnp) Schutzgruppe geschützt. Die Zyklisierungsreaktion wurde mit verschiedenen Aktivierungsreagenzien durchgeführt, wobei die Temperatur bei 25 °C bzw. bei 40 °C konstant gehalten wurde, um eine Decarboxylierung zu vermeiden (Abbildung 17, Verbindung **41**). Keine der verwendeten Reaktionsbedingungen lieferte das gewünschte Produkt **25**.

Die Spinsonde 2,2,6,6-Tetramethyl-3,5-dioxopiperazinyloxyl (**12**) wurde erstmals von *Yoshioka et al.* synthetisiert.[30] Die Synthese des Amin-Analogons 3,3,5,5-Tetramethylpiperazin-2,6-dion (**34**) erfolgte in drei Schritten (Abbildung 18).[38] Zunächst wurde 2-Amino-2-methylpropionitril aus Aceton (**44**), Ammoniak und Cyanid synthetisiert, dann mittels einer Destillation unter vermindertem Druck gereinigt und anschließend unter vermindertem Druck erhitzt und 2,2´-Iminobis-(2-methylpropionitril) (**45**) erhalten. Im letzten Schritt erfolgte die Umsetzung in konzentrierter Schwefelsäure, wobei nach der Neutralisation das Imid **34** erhalten wurde. Die Aufreinigung der Verbindungen erfolgte jeweils ohne chromatographische Methoden, so dass schnell größere Mengen von Imid **34** hergestellt werden konnten. Außerdem wurde aus 2,2´-Iminobis(2-methylpropionitril) (**45**) unter sauren Bedingungen die entsprechende Dicarbonsäure **30** erhalten.

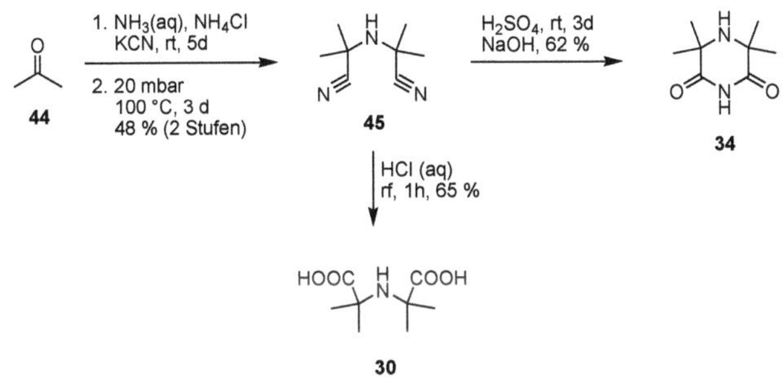

Abbildung 18: Synthese der Verbindungen **34** und **30**.

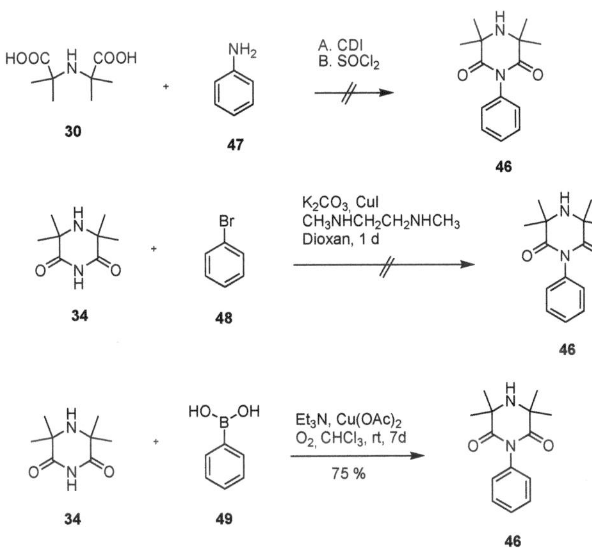

Abbildung 19: Testreaktionen zur Synthese des Phenylimids **46**. Oben: Reaktion zwischen der Dicarbonsäure **30** und Anilin **47**. In der Mitte: Jourdan-Ullman-Goldberg Kupplung. Unten: Chan-Lam Reaktion.

Vor der Wahl der geeigneten Syntheseroute wurde eine Reihe von Testreaktionen durchgeführt (Abbildung 19). Die Reaktion zwischen der Dicarbonsäure **30** und Anilin **47** verlief erfolglos. Auch die Kupfer(I)-katalysierte Jourdan-Ullman-Goldberg Kupplung zwischen dem Imid **34** und dem Brombenzol **48** erzielte nicht das gewünschte Produkt. Schließlich wurde die Kupfer(II)-katalysierte Chan-Lam Reaktion zwischen der Benzolboronsäure **49** und der Verbindung **34** erfolgreich zur Synthese des Phenylimids **46** eingesetzt.

Da die Phenylglycinderivate zur Racemisierung neigen, erschien die Syntheseroute C, in der das Stereozentrum erst am Ende der Synthese generiert werden sollte, zunächst vorteilhafter (Abbildung 16). Da die enantiomerenreine Synthese der α-Arylglycine teilweise unter Verwendung von starken Basen/Nucleophilen verläuft, wurde das Phenylimid **46** zunächst auf die Stabilität unter vergleichbaren Bedingungen geprüft.[36a] Dazu wurde die Verbindung **46** in THF bei -78 °C mit einem Äquivalent *n*-Butyllithium umgesetzt und ergab quantitativ die Verbindung **50** (Abbildung 20). Ferner wurde das Imid **46** in einer gesättigten $NaHCO_3$-Lösung zwei Stunden bei Raumtemperatur gerührt und ergab durch eine Ringöffnung die Verbindung **51**. Da eine 20 %ige Piperidinlösung in DMF zum Entschützen der Fmoc-Schutzgruppe in der Peptidsynthese dient, wurde die Stabilität des Phenylimids **46** in diesem Reagenz über 24 Stunden bei Raumtemperatur geprüft. Unter diesen Bedingungen blieb die Verbindung jedoch stabil.

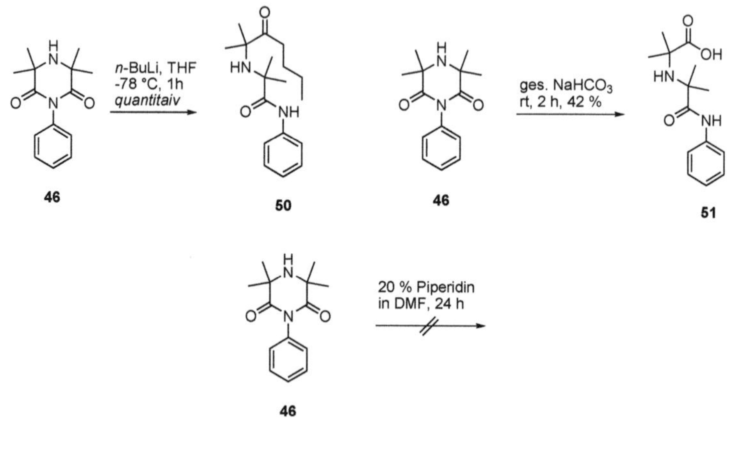

Abbildung 20: Stabilitätsuntersuchungen des Phenylimids **46**.

Ausgehend von der geringen Stabilität der Verbindung **46** in Gegenwart von starken Basen/Nuklephilen, aber auch in wässrigen schwachbasischen Lösungen, wurde die Syntheseroute B, in der das Phenylimid **22** erst zum Schluss gebildet wird, ausgewählt (Abbildung 16).
Die Synthese der Nitroxid-markierten Aminosäure **22** ging von L-4-Hydroxyphenylglycin (**52**) aus (Abbildung 21). Zunächst wurde die Aminofunktion der Aminosäure mit Carboxybenzyl (Cbz) und dann die Carbonsäurefunktion mit Benzyl (Bn) geschützt und die Verbindung **53** erhalten. Unter trockenen Reaktionsbedingungen wurde unter vollständigem Erhalt der optischen Reinheit die Triflatgruppe eingeführt (Verbindung **54**), wobei als Reagenz Trifluormethansulfonsäureanhydrid (Triflatanhydrid) verwendet wurde (Anhang, Abbildung 51). Die Palladium-katalysierte Kupplung zwischen dem Triflatderivat **54** und Bis(pinacolato)diboron ergab Arylboronester **55** als racemisches Gemisch (Anhang, Abbildung 52).

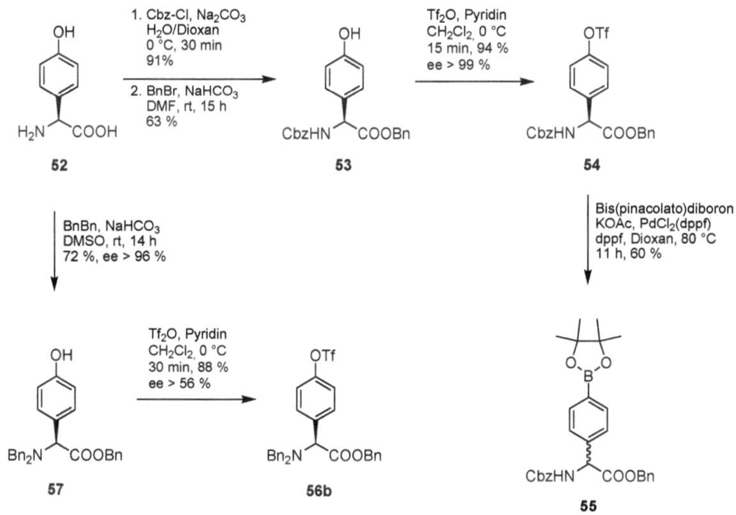

Abbildung 21: Synthese der optisch reinen Verbindung **54** (ee > 99 %).

Die Racemisierung, die durch die Palladium-katalysierte Kupplung hervorgerufen wurde, konnte durch die Verwendung eines mit zwei Benzylschutzgruppen an der Aminofunktion geschützten Triflates **56a** vermieden werden (Abbildung 23). Die direkte Synthese des Triflates **56b** (Abbildung 21) in zwei Stufen führte beim Umsetzten des Hydroxyaryls **57** mit Triflatanhydrid teilweise zum Verlust der optischen Reinheit (ee > 56 %) (Anhang,

Abbildung 53). Die Verwendung von N-Phenylbis(trifluormethansulfonimid) statt Triflatanhydrid als Reagenz führte zur vollständigen Racemisierung. Die entsprechende Ausgangsverbindung **57** wurde mit einer hohen optischen Reinheit (ee > 96 %) erhalten und sofort umgesetzt (Anhang, Abbildung 54).

Um das Triflat **56a** in einem höheren Enantiomerenüberschuss zu erhalten wurde die Verbindung **54** umgeschützt (Abbildung 22). Dazu wurden zunächst die Cbz-Schutzgruppe und die Benzylschutzgruppe hydrogenolytisch entfernt, jedoch unter Verlust der Triflatgruppe die Verbindung **58** erhalten. Die Abspaltung der Schutzgruppen ohne Verlust der Triflatgruppe gelang mit Hilfe von Trifluoressigsäure und Dimethylsulfid. Dabei blieb die optische Reinheit vollständig erhalten (ee > 99 %) (Anhang, Abbildung 55). Ohne Aufreinigung wurde die entschützte Aminosäure mit Benzylgruppen an der Säure- und an der Aminofunktion geschützt und das Triflat **56a** als optisch reines Produkt (ee > 92 %) isoliert (Anhang, Abbildung 53).

Der direkte Umsatz des Triflats **56a** in der Palladium-katalysierten Buchwald-Hartwig oder in der Kupfer(I)-katalysierten Jourdan-Ullmann-Goldberg Reaktion führte nicht zum Imid **59**.

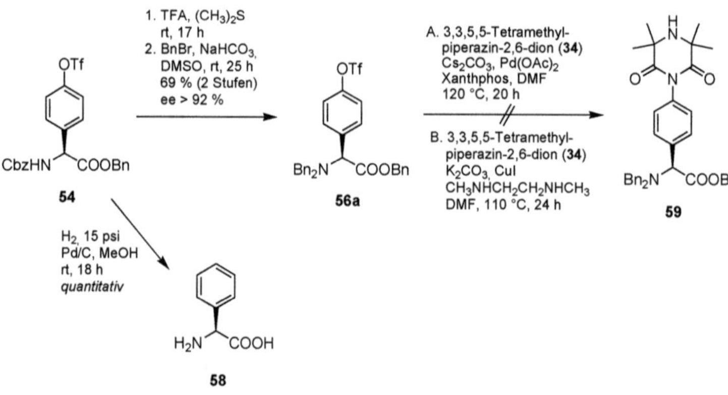

Abbildung 22: Synthese der optisch reinen Aminosäure **56a** (ee > 92 %).

Optisch reiner Boronsäureester **60** wurde mittels Palladium-katalysierter Miyaura Borylierung des Triflates **56a** erhalten (Abbildung 23). Die Reaktion des Boronsäureesters **60** mit $NaIO_4$ lieferte die entsprechende Boronsäure **35**. Der Umsatz der Boronsäure **35** mit der Verbindung **34** in einer Kupfer(II)-katalysierten Chan-Lam-Kupplung ergab das Grundgerüst **59** der Zielverbindung. Darauf folgte die hydrogenolytische Abspaltung der Schutzgruppen bei 70 psi mit katalytischen Mengen des Pearlman-Katalysators. Um wässrige basische

Bedingungen zu vermeiden wurde die Fmoc-Schutzgruppe mittels Fmoc-OSu in DMF eingeführt (Verbindung **61**). Die Verwendung von Fmoc-Cl führte zur signifikanten Bildung von Dipeptiden und verursachte eine höhere Racemisierung der Aminosäure als das Reagenz Fmoc-OSu.

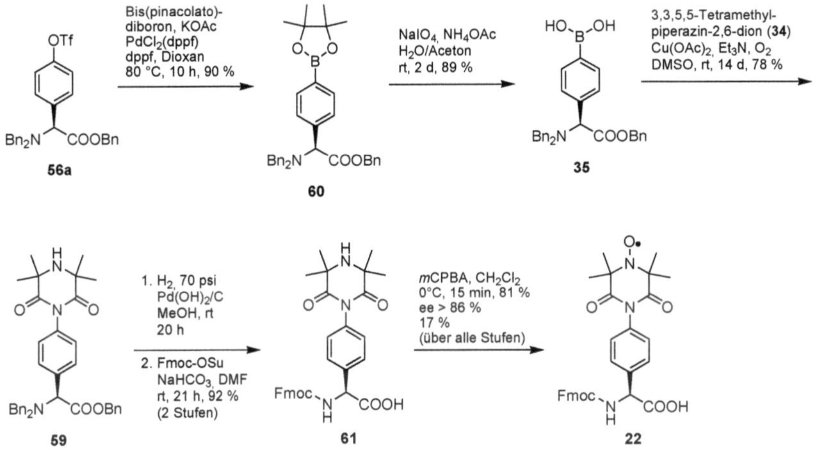

Abbildung 23: Synthese der Aminosäure Fmoc-TOPP-OH (**22**) (ee > 86 %).

Die anschließende Oxidation der Aminogruppe wurde mit *m*CPBA durchgeführt und ergab das gewünschte Zielmolekül Fmoc-TOPP-OH (**22**) in einer guten optischen Reinheit (ee > 86 %) (Anhang, Abbildung 56).

2.5 Charakterisierung der Molekülstruktur der Spinsonde TOPP mittels DFT-Berechnungen

Eine kollineare Anordnung der Nitroxidgruppe und der *αC-βC*-Bindung der Aminosäure TOPP ist die Voraussetzung für eine erfolgreiche Verwendung des Spinlabels zur Untersuchung der Ausrichtung von Transmembranpeptiden in Lipidmembranen oder zur Ermittlung der wechselseitigen Orientierung von zwei Spinsonden in einer Sekundärstruktur. Die Anwendung von Dichtefunktionalverfahren zur Strukturanalyse der offenschaligen Spezies wie z. B. der Nitroxidradikale ist bereits seit einer Dekade etabliert.[39] In dieser Arbeit wurden die Hybrid-Funktionale B3LYP und PBE0 für die Berechnungen der Molekülgeometrie der Modellverbindungen **62** und **63** benutzt (Abbildung 24). Die Geometrieoptimierungen und Frequenzrechnungen wurden mit dem Basissatz 6-311G(d,p) in der Gasphase oder im Dipolfeld von Wasser durchgeführt. Dazu wurde das Programmpaket GAUSSIAN 09 verwendet.[40]

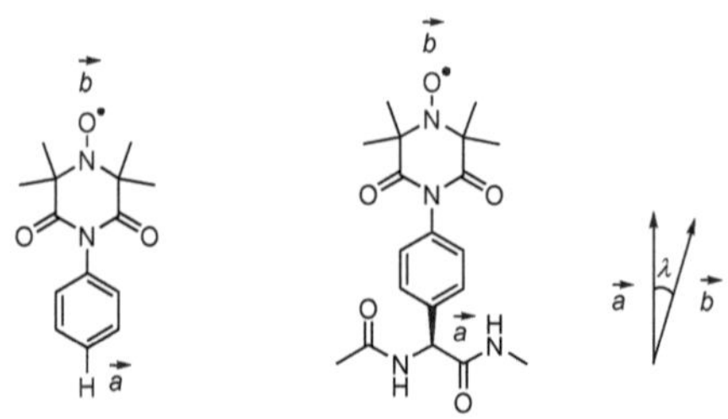

62 **63**

Abbildung 24: Die Strukturformeln der berechneten Verbindungen **62** und **63**. Rechts ist der von den Vektoren $\vec{a}$ und $\vec{b}$ eingeschlossener Winkel λ dargestellt.

In der Abbildung 25 sind die mit dem Verfahren *B*3LYP berechneten Konformere $B\alpha$ und $B\beta$ der Verbindung **62** abgebildet. Die Konformation $B\alpha$ stellt die Verbindung **62** im Grundzustand dar (Tabelle 1). Die Konformation $B\beta$ weist die Symmetrie der Punktgruppe C_{2v} auf und liegt energetisch 1.4 kJ/mol über dem Grundzustand. Der Winkel λ, den die *CH*-Bindung und die Nitroxidbindung einschließen, wurde nach der folgenden Formel berechnet:

$$\cos\lambda = \frac{\vec{a}\cdot\vec{b}}{|\vec{a}|\cdot|\vec{b}|}$$

Dabei wird der Vektor $\vec{a}$ durch die *CH*-Bindung und der Vektor $\vec{b}$ durch die *NO*-Bindung beschrieben (Abbildung 24).

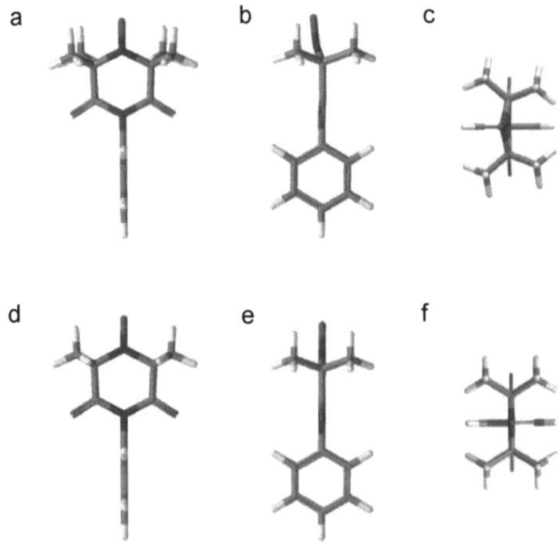

Abbildung 25: Die Konformationen $B\alpha$ (a, b, c) und $B\beta$ (d, e, f) der Verbindung **62** wurden durch Geometrieoptimierungen und Frequenzrechnungen mit dem Verfahren B3LYP und dem Basissatz 6-311G(d,p) in der Gasphase bei 298 K erhalten.

Konformation von **62**	ΔE / kJ/mol	Winkel λ / °
$B\alpha$	0.0[a]	6.5
$B\beta$	1.4	0.0

Tabelle 1: Der Energieunterschied und der Winkel λ der Konformere $B\alpha$ und $B\beta$ der Verbindung **62**.
[a] Nullpunktenergie = -878.795016 a. u.

Um die Geometrie von TOPP in einer α-helikalen Sekundärstruktur in Wasser (25 °C, 1 atm) zu ermitteln, wurde die Aminosäure **63** als Modellverbindung verwendet (Abbildung 24). Die Berechnungen wurden mit den fest definierten Diederwinkeln (φ = -52 °, ψ = -53 °) durchgeführt. Die Simulation des Lösungsmittels erfolgte durch das Kontinuummodell (IEFPCM). In der Tabelle 2 sind drei Konformationsisomere der Verbindung **63** mit den entsprechenden Energiedifferenzen und den Winkeln λ dargestellt.

Konformation von **63**	Δ E / kJ/mol	Winkel λ / °
Bα	0.0[a]	8.1
Bβ	4.8	3.2
Bγ	4.9	3.2

Tabelle 2: Der Energieunterschied und der Winkel λ der Konformere *B*α, *B*β und *B*γ der Verbindung **63**. Die Geometrieoptimierungen und Frequenzrechnungen wurden mit dem Verfahren B3LYP und dem Basissatz 6-311G(d,p) im Wasser (298 K, 1 atm) durchgeführt. [a] Nullpunktenergie = -1334.144545 a. u.

Die Berechnungen mit dem Verfahren *P*BE0 zeigen vergleichbare Ergebnisse für die Verbindung **62** (Tabelle 3). Die Energiedifferenz zwischen den Konformeren **63** *P*α, **63** *P*β, **63** *P*γ ist kleiner als 1 kJ/mol. Die Atomkoordinaten aller Konformere sind im Anhang (Abbildung 57 bis 66) gezeigt.

Verbindung / Konformation	Δ Energie / kJ/mol	Winkel λ / °
62 *P*α	0.0[a]	7.7
62 *P*β	1.5	0.0
63 *P*α	0.00[b]	3.4
63 *P*β	0.30	10.6
63 *P*γ	0.34	3.3

Tabelle 3: Die Energieunterschiede der Konformere **62** *P*α, **62** *P*β und **63** *P*α, **63** *P*β, **63** *P*γ sowie der Winkel λ. Die Geometrieoptimierungen und Frequenzrechnungen wurden mit dem Verfahren PBE0 und dem Basissatz 6-311G(d,p) in der Gasphase (**62**) oder im Wasser (**63**) bei 298 K durchgeführt. [a] Nullpunktenergie = -877.782029 a. u. [b] Nullpunktenergie = -1332.618222 a. u.

Aufgrund der geringen Energieunterschiede der Konformere existiert das Spinlabel TOPP vermutlich gleichzeitig in verschiedenen Konformationen, so dass eine geringe Unschärfe des Winkels λ zu erwarten ist. Da die Anordnung der *αC*-*βC*-Bindung und der Nitroxidgruppe der Aminosäure TOPP beinahe kollinear ist und nur eine geringe Abweichung ($\lambda \leq 8$ °) vorliegt, ist das Spinlabel sehr gut für die Untersuchungen zur Ausrichtung der Transmembranpeptide in Lipidmembranen oder zur wechselseitigen Orientierung von zwei Spinsonden geeignet.

2.6 Design der TOPP-markierten α-helikalen Peptide

Da bislang keine Untersuchungen zur Orientierung von zwei Nitroxid-markierten Aminosäuren in einem Peptid durchgeführt wurden, sollten die ersten Untersuchungen an einem Modellsystem erfolgen. Zur Ermittlung der wechselseitigen Orientierung der Nitroxid-markierten Aminosäuren sollte das Peptid ein starres Rückgrat vorweisen und nur in einer Konformation vorliegen. Die α-Helix ist ein sehr gut untersuchtes Sekundärmotiv, das die oben genannten Anforderungen erfüllt und sich daher gut als ein Modellsystem eignet.

P1 AcNH-AAAAK**X**A KAAAAAK AAKAKAA AA-CONH$_2$

P2 AcNH-AAAAK**X**A KAAAAAK AAKA**X**KA AAA-CONH$_2$

P3 AcNH-AAAAK**Y**A KAAAAAK AAKA**Y**KA AAA-CONH$_2$

Abbindung 26: Sequenzen der Peptide **P1**, **P2** und **P3** mit **X** = TOPP.

Da Alanine die α-Helix sehr gut stabilisieren und Polyalanine insbesondere bei tiefen Temperaturen eine stabile α-Helix ausbilden, wurden diese in dem doppelt markierten Peptid **P2** als Hauptkomponente verwendet (Abbildung 26).[41] Als ein Referenzpeptid für die EPR-Orientierungs-Experimente wurde zusätzlich das Peptid **P1** mit nur einem Spinlabel synthetisiert. Um den Einfluss von TOPP auf die Sekundärstruktur mittels CD-Spektroskopie zu untersuchen, wurde das Tyrosin-Analogon **P3** als Vergleichspeptid für das Peptid **P2** hergestellt. Die Tyrosinreste ermöglichen dabei die Peptidkonzentration mittels UV-Spektroskopie zu bestimmen.

Um eine gute Reinigung mittels RP-HPLC zu ermöglichen und die Löslichkeit in Trifluorethanol (TFE), einem Lösungsmittel, das die Ausbildung der α-Helix unterstützt, sicherzustellen, sollten die Peptide polare Aminosäurereste aufweisen.[42] Die Polarität der Peptide wurde durch den Einbau von fünf Lysinresten, welche einen sehr niedrigen Hydrophobizitätsindex aufweisen, der Polarität von wasserlöslichen Proteinen angeglichen.[43] Da bei der Synthese der Peptide die Nitroxidgruppe von TOPP zu der entsprechenden Hydroxylamingruppe reduziert wird (Kapitel 2.7, Abbildung 29), sollte ein geeignetes Reagenz zur Reoxidation der Hydroxylamingruppe gefunden werden. Um die Auswahl der Oxidationsmittel durch weitere funktionelle Gruppen nicht einzuschränken, wurden keine zusätzlichen Aminosäurereste verwendet.

In der Zentralregion der Peptide wurden fünf aufeinanderfolgende Alaninreste eingebaut, weil dort die Wechselwirkungen der Aminogruppen der Lysinreste mit dem Peptidrückgrat besonders stark destabilisierend sind.[41a] Die Wechselwirkungen zwischen den

Aminogruppen der Lysinreste untereinander wirken sich ebenfalls negativ auf die Bildung einer α-Helix aus, so dass die Platzierung der Lysine an den Positionen *i* und *i*+4 vermieden wurde.[44] Um vergleichbare Wechselwirkungen mit den terminalen Aminogruppen der Peptide zu verhindern wurden diese acetyliert.[45]

Da die Ausbildung von Wasserstoffbrückenbindungen zwischen den Aminogruppen der Lysinreste und den CO-Gruppen der Imidfunktion der Aminosäure TOPP einen Einfuß auf die strukturelle Anordnung der Nitroxidgruppe haben könnte, wurden keine Lysinreste an den Positionen *i*-4 platziert.

Damit keine durch einen hydrophoben Bereich der Peptide verursachte Aggregation stattfinden kann, wurde die Amphiphilie durch eine geeignete Verteilung der Lysinreste verhindert (Abbildung 27).[44b] Auf die Helix-stabilisierenden Wechselwirkungen der Seitenketten wurde zunächst bewusst verzichtet, um die daraus möglicherweise ebenfalls resultierende Aggregation durch die intermolekularen Wechselwirkungen zu vermeiden.[44b]

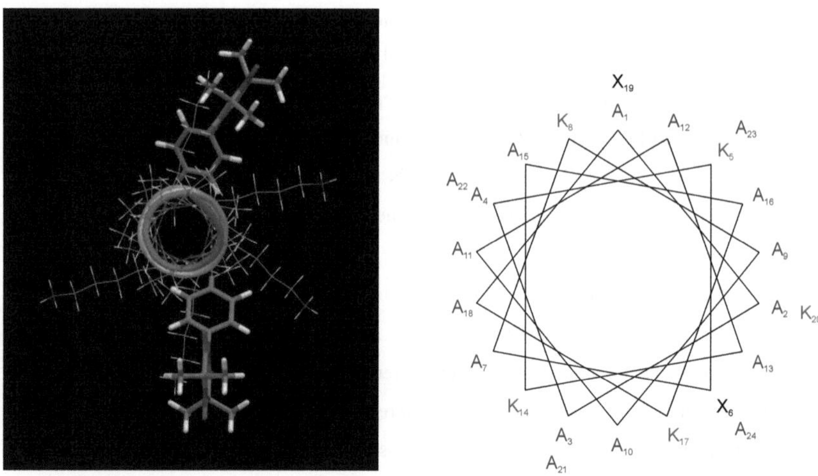

Abbindung 27: α-Helikale Struktur des Peptids **P2** in der Ansicht von oben (links).[46] Das Helixrad des Peptides **P2** (rechts).[47]

Die beiden Spinlabels wurden an gegenüberliegenden Seiten der Helix positioniert, so dass der Abstand zwischen den Sauerstoffatomen der Nitroxidgruppen ca. 27 Å beträgt. Der Abstand zwischen den entsprechenden α-Kohlenstoffatomen liegt dagegen nur bei ca. 20 Å (Abbildung 28). Die Abstände wurden anhand der α-helikalen Konformation des Peptides **P2** mittels Meastro® unter der Verwendung der Diederwinkel (φ = -52 ° und ψ = -53 °) ermittelt.[46]

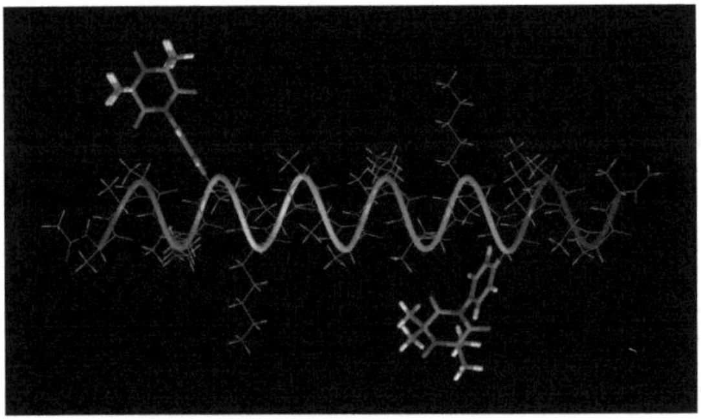

Abbindung 28: Die α-helikale Struktur des Peptids **P2** in seitlicher Ansicht.[46]

Die ersten und die letzten vier Aminosäuren einer α-Helix stabilisieren das Rückgrat jeweils nur durch die von *CO*- (*N*-Terminus) oder *NH*- (*C*-Terminus) Gruppen ausgehenden Wasserstoffbrückenbindungen, so dass die Helix hier weniger stabil ist. Deshalb wurden die Spinsonden in der zweiten und in der vorletzten Windung der Helix an den Positionen 6 und 19 platziert (Abbildung 28).

2.7 Synthese von alaninreichen TOPP-markierten Peptiden

Da Phenylglycinderivate bei der Aktivierung der Carbonsäure zur Racemisierung neigen, wurden die Kupplungseigenschaften der Aminosäure **22** zunächst an Dipeptiden untersucht. Dazu wurde Fmoc-TOPP-OH (**22**) mit den harzgebundenen Aminosäuren L-Alanin bzw. D-Alanin unter Verwendung von unterschiedlichen Reagenzien gekuppelt und die Racemisierung mittels HPLC anhand des Diastereomerenverhältnisses der Dipeptide untersucht.

Die Verwendung der Kupplungsreagenzien 2-(1*H*-Benzotriazol-1-yl)-1,1,3,3-tetramethyluronium hexafluorophosphat (HBTU) und *N*,*N*-Diisopropylethylamin (DIEA) führte zur vollständigen Racemisierung der Aminosäure **22**. Die Kombination aus 3-(Diethoxyphosphoryloxy)-1,2,3-benzotrazin-4(3*H*)-on (DEPBT) und Triethylamin in trockenem THF bei 0 °C lieferte ebenfalls keinen Diastereomerenüberschuss. Erst durch die Verwendung von $NaHCO_3$ statt Triethylamin blieb die optische Reinheit der Aminosäure TOPP erhalten. Das Abspalten der Fmoc-Schutzgruppe und die anschließende Acetylierung lieferte Dipeptide mit einer hohen Diastereomerenreinheit (de > 86 %) (Anhang, Abbildung 56). Da die Aminosäure TOPP in einem Enantiomerenüberschuss von maximal 92 % vorlag, sind die oben genannten Kupplungsbedingungen für Fmoc-TOPP-OH (**22**) ohne oder mit einem sehr geringen Verlust der optischen Reinheit verbunden.

Zur Synthese der Peptide **P1**, **P2** und **P3** wurde ein niedrig belegtes (0.29 mmol/g) Rink Amid-MBHA-Harz verwendet. Die erste Aminosäure wurde dreimal unter Verwendung von Diisopropylcarbodiimid (DIC) und 1-Hydroxybenzotriazol (HOBt) als Aktivierungsmittel gekuppelt. Die proteinogenen Aminosäuren wurden mikrowellenunterstützt mittels HBTU/HOBt und DIEA, Fmoc-TOPP-OH (**22**) mittels DEPBT und $NaHCO_3$ in trockenem THF bei 0 °C gekuppelt. Alle Aminosäuren wurden im Überschuss vorgelegt und mittels einer Doppelkupplung eingeführt. Zur Abspaltung der Fmoc-Schutzgruppe wurde Piperidin/DMF (1:4) verwendet. Die terminale Aminofunktion der Peptide wurde mittels Essigsäureanhydrid/DIEA/DMF (1:1:18) acetyliert.

Die Abspaltung vom Harz erfolgte mittels Trifluoressigsäure (TFA)/H_2O/Triisopropylsilan (TIS) (90:5:5). Bei diesen Bedingungen findet eine säurekatalysierte Disproportionierung der Nitroxidradikale zu Oxoammoniumionen und Hydroxylaminen statt (Abbildung 29).[48] Die Oxoammoniumionen werden dabei vermutlich durch TIS zu Nitroxidradikalen reduziert, die wiederum disproportionieren. Auf diese Weise erfolgt eine vollständige Umsetzung der Nitroxidradikale zu Hydroxylaminen.

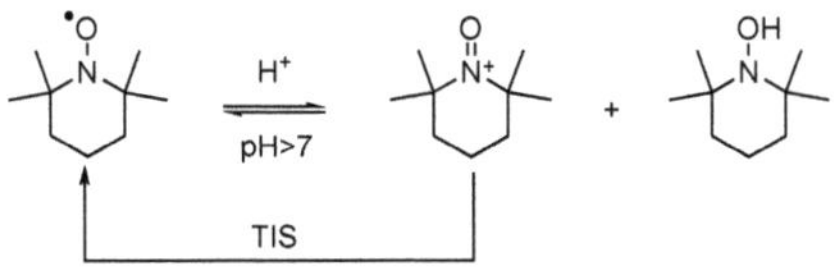

Abbildung 29: Disproportionierung von 2,2,6,6-Tetramethylpiperidinoxyl (TEMPO) unter sauren Bedingungen und die Reduktion der Oxoammoniumionen durch TIS. Das Redoxpotential für das Paar Nitroxid/Oxoammoniumion beträgt + 740 mV (NHE).[49]

Die Hydroxylamingruppe der Rohpeptide wurde vor der Reinigung mittels HPLC unter sehr milden Bedingungen mit $Cu(OAc)_2$ zur Nitroxidgruppe oxidiert. Nach der anschließenden Reinigung der Peptide konnte die vollständige Regenerierung der Nitroxidgruppe massenspektrometrisch nachgewiesen werden (Anhang, Abbildungen 67 und 68).

2.8 *Untersuchungen der Peptide mittels CD- und EPR-Spektroskopie*

Die CD-spektroskopischen Untersuchungen der Spin-markierten Peptide **P1** und **P2** sowie des Tyrosin-Analogons **P3**, das als ein Vergleichspeptid für das Oligomer **P2** dient, geben eine Aussage über die Sekundärstruktur der Peptide und wurden hinzugezogen, um den Einfluss der Spin-markierten Aminosäure TOPP auf die Ausbildung der Sekundärstruktur der Peptide zu ermitteln.

Polyalanine existieren wie auch beinahe alle Polypeptide, die helikale Eigenschaften in Lösungen aufweisen, als komplexe Systeme aus nicht helikalen sowie kurzen und langen helikalen Konformationen.[50] Die Stabilität der α-Helix wird dabei von mehreren Faktoren beeinflusst und kann durch den Lifson-Roig Algorithmus vorhergesagt werden.[51] Ein charakteristisches α-helikales CD-Spektrum ist durch ein Minimum bei 208 nm, ein zweites Minimum mit einer vergleichbaren Intensität bei 222 nm und durch eine starke positive Elliptizität bei kurzen Wellenlängen gekennzeichnet.[52] Das CD-Spektrum eines Peptides mit einer ungeordneten Konformation (random coil) ist durch eine starke negative Elliptizität bei kurzen Wellenlängen charakterisiert.[53]

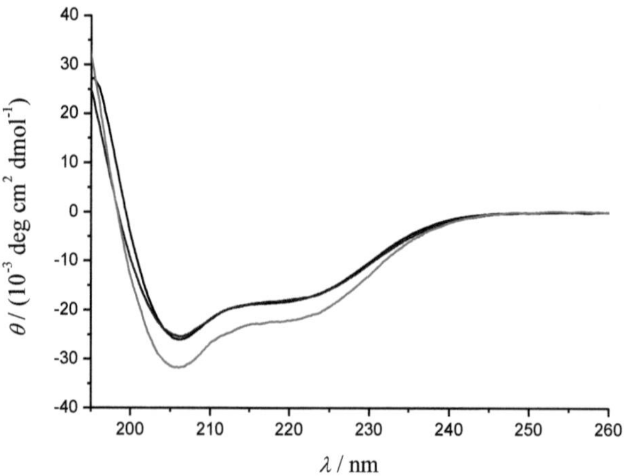

Abbindung 30: CD-Spektren der Peptide **P1** (grau), **P2** (blau) und **P3** (schwarz) in TFE bei 20 °C.

Die CD-Spektren der Peptide **P1**, **P2** und **P3** wurden in TFE bei 20 °C aufgenommen und zeigen einen typischen Kurvenverlauf der alaninreichen Peptide bei dieser Temperatur

(Abbildung 30).[41, 54] Das Spektrum zeigt eine Überlagerung der Beiträge der α-helikalen und der ungeordneten Konformationen der Peptide.[41b, 45]

Der α-helikale Anteil kann experimentell aus den Daten der CD-Spektroskopie anhand folgender Formel ermittelt werden:[45]

$$f_{helix} = \frac{[\theta]_{222}^{obs}}{\left(-40000 \times \left[1 - \frac{2.5}{chain\ length}\right]\right)}$$

Dabei ist f_{helix} der helikale Anteil eines Peptides, $[\theta]_{222}^{obs}$ die experimentell bestimmte Elliptizität pro Aminosäurerest bei 222 nm (deg cm^2/dmol) und *chain length* ist die Anzahl der Aminosäuren. Daraus ergibt sich für das Peptid **P2** ein α-helikaler Anteil von 0.49, für das Peptid **P3** ein Anteil von 0.49 und für das Peptid **P1** ein Anteil von 0.60.

Die Übereinstimmung der CD-Spektren des doppelt gelabelten Peptides **P2** und des Tyrosin-Analogons **P3** deuten auf einen vergleichbaren Einfluss der beiden Tyrosinreste und der Seitenketten des Spinlabels TOPP auf die Ausbildung der Sekundärstrukur der Peptide hin. Der höhere helikale Anteil des Peptides **P1** ist vermutlich auf einen höheren Anteil der Alaninreste zurückzuführen.[41a]

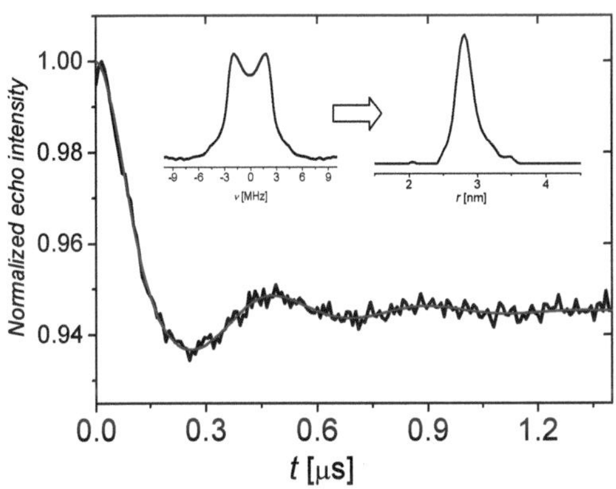

Abbindung 31: EPR-Spektrum des Peptides **P2**.

Dennoch sollte beachtet werden, dass die Seitenketten von Tyrosin und von TOPP als Chromophore theoretisch in der Lage sind einen CD-spektroskopischen Beitrag zu leisten. Ein derartiger Effekt wurde für Tyrosin- und für Tryptophanreste in einem alaninreichen

Peptid beobachtet und kann durch eine definierte Orientierung der Seitenkette z. B. durch eine Interaktion mit der Methylgruppe eines Alanins erklärt werden.[45, 55]

Die ersten EPR-Untersuchungen vom Peptid **P2** wurden ebenfalls in TFE durchgeführt, weil dieses Lösungsmittel einen stabilisierenden Effekt auf die Ausbildung der α-Helix hat. Außerdem bilden alaninreiche Peptide bei tiefen Temperaturen eine äußerst stabile α-Helix aus.[41b, 42] Diese Eigenschaft der Peptide kann in TFE (Smp. -45 °C) besser ausgenutzt werden als in wässrigen Puffersystemen, die bereits bei ca. 0 °C gefrieren. Die Abstandsmessung mittels PELDOR wurde bei 50 K mittels X-Band-EPR (9.5 GHz) durchgeführt. Der ermittelte Abstand von 28 Å stimmt mit dem theoretisch bestimmten Abstand von 27 Å (Kapitel 2.6) sehr gut überein (Abbildung 31).[1]

[1] Vielen Dank an Dr. Giuseppe Sicoli und Prof. Marina Bennati für die EPR-Untersuchungen

3. Assoziation von transmembranen Helices

3.1 Membranproteine

Membranproteine sind ein wesentlicher Bestandteil dynamischer Prozesse der Zellmembran. Zu den Aufgaben dieser Proteine gehören die Signaltransduktion durch die Zellmembran sowie der Stofftransport und die Regulierung der Zellfusion. Periphere Membranproteine enthalten keine membrangängigen Untereinheiten und sind wasserlöslich. Die Assoziation mit den Membranoberflächen wird ausschließlich durch elektrostatische Wechselwirkungen und Wasserstoffbrücken ermöglicht. Integrale Membranproteine durchspannen die Lipiddoppelschicht dagegen vollständig. Gewöhnlich enthalten sie mehrere 20 bis 25 Aminosäuren lange Sequenzen mit überwiegend hydrophoben Seitenketten, die rechtsgängige α-Helices ausbilden.[1a]

Die Faltungsprozesse der integralen Membranproteine sind nicht gut verstanden und Gegenstand der aktuellen Forschung. Es wurde postuliert, dass die Faltung in einem zweistufigen Prozess abläuft.[56] Demnach erfolgt im ersten Schritt die Einbettung der Transmembranhelices in die Membrandoppelschicht, während im zweiten Schritt die Assoziation der Helices unter der Ausbildung einer Tertiär- oder Quartärstruktur erfolgt. Die treibende Kraft für die Assoziation können sowohl van-der-Waals-Kräfte als auch polare Wechselwirkungen wie Wasserstoffbrückenbildungen oder Ionenbindungen zwischen den Helices sein.

Die Energetik der Wasserstoffbrücken wird von der Coulomb-Wechselwirkung zwischen den effektiven Teilladungen am Donor- und Akzeptoratom dominiert. Die Wechselwirkung ist von der effektiven Dielektrizitätskonstante der Umgebung sowie der Entfernung der Teilladungen abhängig. Aufgrund der kleinen effektiven Dielektrizitätskonstante ist die Bildung der Wasserstoffbrücken in Phospholipiddoppelschichten energetisch bevorzugt.[57]

Polare und ionisierbare Aminosäurereste machen etwa zwanzig Prozent aller Reste der Transmembranhelices in Membranproteinen aus. Nur ein Bruchteil der polaren Gruppen der Aminosäurereste ist direkt an der Proteinfunktion beteiligt.[57] *DeGrado et al.* haben Asparagin an verschiedenen Positionen in ein Transmembranpeptid eingebaut und die Aggregationseigenschaften dieser α-Helices untersucht. Mittels FRET-Experimenten in Mizellen, Polyacrylamidgelelektrophorese und analytischer Ultrazentrifuge wurde die Bildung von Homotrimeren nachgewiesen, wenn Asparagin in der Mitte des

Transmembranpeptides eingebaut wurde.[58] Dagegen bewirkte der Einbau von Asparagin an den Enden des Peptides keine Aggregation.[59] In anderen Arbeiten von *DeGrado et al.* wurden Asparaginsäure, Glutamin, Glutaminsäure, Lysin, Serin sowie Threonin auf die Tendenz zur Aggregatbildung mittels Polyacrylamidgelelektrophorese untersucht. Peptide mit Asparaginsäure, Glutamin und Glutaminsäure bildeten stabile Homotrimere, dagegen zeigten Peptide mit Aminosäuren, deren polare Gruppe nur ein polares Atom (Lysin, Serin und Threonin) aufweist keine Aggregatbildung.[58]

Engelman et al. haben eine *in vivo* Methode (TOXCAT) zur quantitativen Detektion der Dimerisierung von α-Helices in biologischen Membranen entwickelt.[60] Dabei verfügen die Transmembranhelices über eine zytoplasmatische Domäne ToxR, die im Falle einer Dimerisierung *Chloramphenicol Acetyltransferase* (CAT) aktiviert. Die Arbeiten von *Engelman et al.* bestätigen, dass die Einführung von Asparaginresten Aggregationsphänomene von Transmembranpeptiden hervorruft und zeigen außerdem, dass Transmembranpeptide mit zwei Asparaginresten in der Sequenzmitte eine Verdoppelung der CAT-Aktivität gegenüber einem Asparaginrest bewirken.[61] Weitere Untersuchungen zeigten, dass Polyleucine mit Asparagin, Asparaginsäure, Glutamin, Glutaminsäure und Histidin in der Lage sind, Homooligomere auszubilden. Im Gegensatz dazu wird die Aggregation der Polyleucine durch Serin, Threonin und Tyrosin nicht erhöht.[62]

Während einzelne Serin- oder Threonin-Seitenketten die Helixaggregation nicht zu begünstigen scheinen, können bestimmte Motive wie SxxSSxxT und SxxxSSxxT durch die Ausbildung eines Wasserstoffbrückennetzwerkes zwischen den Transmembranhelices Aggregationen begünstigen.[63] Das Motiv GxxxG bildet durch die sterisch wenig anspruchsvollen Glycinreste eine flache Oberfläche an einer Seite der α-Helix und ermöglich dadurch eine bessere Annäherung der Helices. Die Dimerisierung wird vermutlich zum Teil durch C_α–H···O Wasserstoffbrücken zwischen den Transmembranpeptiden stabilisiert.[64] Auch die Serin- und Threoninreste scheinen C_α–H···O Wasserstoffbrücken auszubilden.[64c]

3.2 D,L-Alternierend konfigurierte Peptide

Gramicidin A ist das am besten untersuchte D,L-alternierend konfigurierte Peptid. Es ist aus 15 Aminosäuren in einer L- und D-alternierenden Sequenz aufgebaut und besitzt folgende Aminosäuresequenz: CHO-VGAL̲AV̲VV̲WL̲WL̲WL̲W-$NHCH_2CH_2OH$.[2] Die Seitenketten der Aminosäuren sind hydrophob oder amphiphil, am *N*-terminalen Ende des Moleküls befindet sich eine Formyl- und am *C*-terminalen Ende eine Ethanolamingruppe.[65]

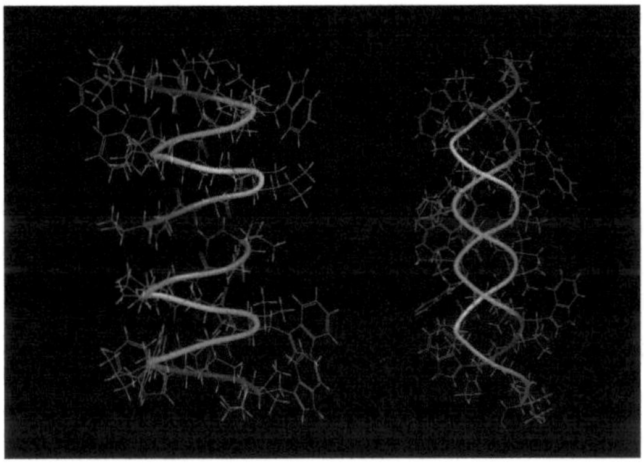

Abbildung 32: Strukturen von Gramicidin in unterschiedlichen Umgebungen.[66] **Links**: Struktur des rechtsgängigen $\beta^{6.3}$-helikalen Dimers in der Lipiddoppelschicht (PDB 1MAG).[66b] **Rechts**: Struktur der antiparallelen linksgängigen doppelsträngigen $\beta^{5.6}$-Helix in Benzol/Methanol-Lösung (PDB 1ALZ).[66c]

Die D,L-alternierend konfigurierte Primärstruktur von Gramicidin A ermöglicht die Bildung einer helikalen β-Faltblattstruktur, wobei die hydrophoben Seitenketten von der Helix weg nach außen gerichtet sind. Zwei grundsätzliche Konformationen sind bekannt: die monomere rechtsgängige $\beta^{6.3}$-Helix und die doppelsträngige $\beta^{5.6}$-Helix (Abbildung 32).[67] Unter den doppelsträngigen $\beta^{5.6}$-Helices gibt es rechtsgängige und linksgängige Spezies mit paralleler oder antiparalleler Anordnung der beiden β-Faltblattstränge. Die $\beta^{5.6}$-Helix enthält 5.6 Aminosäuren pro Helixwindung und wird von insgesamt 28 intermolekularen Wasserstoffbrückenbindungen stabilisiert.[67] Die monomere rechtsgängige $\beta^{6.3}$-Helix enthält 6.3 Aminosäuren pro Helixwindung und wird durch insgesamt zehn intramolekulare Wasserstoffbrückenbindungen einer parallelen β-Faltblattstruktur stabilisiert.[66a] Der $\beta^{6.3}$-helikale Peptideinzelstrang ist in der Lage, ein Kopf-an-Kopf-Dimer zu bilden. Mehrere NMR-spektroskopische Untersuchungen von Gramicidin A in Lipidmembranen ergaben, dass

[2] D-Aminosäuren sind unterstrichen

die $\beta^{6.3}$-helikalen Monomere an ihren *N*-terminalen Enden über sechs Wasserstoffbrücken miteinander verknüpft sein können. In diesem Bereich bilden die Monomere eine antiparallele β-Faltblattstruktur.[66-68]

Die Sekundärstruktur von Gramicidin A ist stark umgebungsabhängig. Untersuchungen mit Lipidmembranen unterschiedlicher Schichtdicke zeigten, dass bei Acylketten aus 12 bis 18 Kohlenstoffatomen die einzelsträngige Struktur im Gleichgewicht deutlich überwiegt.[69] Die Gleichgewichtseinstellung kann jedoch einige Stunden bis Wochen in Anspruch nehmen.[69, 70] In frisch hergestellten Lipidmembranen hängt die Konformation der Gramicidin A-Moleküle weitgehend von dem verwendeten Lösungsmittel ab. Wenn ein polares organisches Lösungsmittel zur Herstellung der Modellmembranen verwendet wurde, nahmen die Peptide bevorzugt die einzelsträngige Struktur an, während bei der Verwendung eines unpolaren Lösungsmittels die doppelsträngige β-helicale Konformation überwiegt.[70, 71]

Lorenzi et al. untersuchten D,L-alternierend konfigurierte Oligovaline und konnten mittels Röntgenstrukturanalyse die Struktur für Boc-(Val-Val)$_4$-OMe bestimmen. Die Verbindung kristallisiert aus Chloroform als eine antiparallele, linksgängige, doppelsträngige $\beta^{5.6}$-Helix.[72] Mit Hilfe von NMR-spektroskopischen Untersuchungen in $CDCl_3$ wurden für weitere D,L-alternierend konfigurierte Oligovaline außerdem die parallele linksgängige doppelsträngige $\beta^{5.6}$-Helix sowie rechts- und linksgängige einzelsträngige $\beta^{4.4}$-Helices gefunden.[72a] D,L-Alternierend konfiguriere Oligoleucine mit je einem *N*-methylierten Leucin in der Peptidkette bilden vorzugsweise die einzelsträngigen $\beta^{4.4}$-Helices.[73] Auch D,L-alternierend konfigurierte Oligonorleucine mit je einem *N*-methylierten Norleucin in der Peptidkette bilden je nach Peptidlänge vorzugsweise eine einzelsträngige $\beta^{4.4}$-Helix oder eine antiparallele, doppelsträngige $\beta^{5.6}$-Helix.[74]

In weiteren Arbeiten von *Lorenzi et al.* wurden D,L-alternierend konfigurierte Oligophenylalanine untersucht. Diese Peptide bilden ab einer Kettenlänge von sieben Aminosäuren ausschließlich $\beta^{5.6}$-helikale Strukturen.[75] Das Octapeptid Boc-(Phe-Phe)$_4$-OMe kristallisiert als antiparallele rechtsgängige doppelsträngige $\beta^{5.6}$-Helix.[76] Die Verbindung HCO-Phe-(Phe-Phe)$_3$-OMe nimmt eine parallele rechtsgängige doppelsträngige $\beta^{5.6}$-helikale Struktur ein und bildet zusätzlich Kopf-an-Kopf-Dimere dieser doppelsträngigen $\beta^{5.6}$-Helix.[77] Auch für das Nonapeptid H-(Tyr-Tyr)$_4$-Lys-OH ergab die Röntgenstrukturanalyse eine antiparallele rechtsgängige doppelsträngige $\beta^{5.6}$-Helix.[78]

3.3 *Fluoreszenz-Resonanz-Energie-Transfer (FRET)*[79]

Im Jahr 1948 entdeckte *T. Förster* den so genannten Fluoreszenz-Resonanz-Energie-Transfer (FRET) und konnte diesen quantenmechanisch beschreiben.[80] Ein angeregter Fluorophor (Donor-Fluorophor) kann seine Energie durch Stöße mit anderen Molekülen oder als Fluoreszenzstrahlung abgeben. Ist ein geeigneter Akzeptor-Fluorophor in räumlicher Nähe, erfolgt die Desaktivierung des Donor-Fluorophors auch durch Übertragung der Anregungsenergie auf den Akzeptor. Dabei wird der Akzeptor in den ersten elektronisch angeregten Zustand S_1 angehoben und ist nun seinerseits in der Lage, zu fluoreszieren ($S_1 \rightarrow S_0$) (Abbildung 33).[81] Eine Überlappung zwischen dem Emissionsspektrum des Donors und dem Absorptionsspektrum des Akzeptors ist Voraussetzung für den Energietransfer zwischen den beiden Molekülen. Dieser physikalische Prozess entspricht jedoch nicht dem Vorgang der Reabsorption.

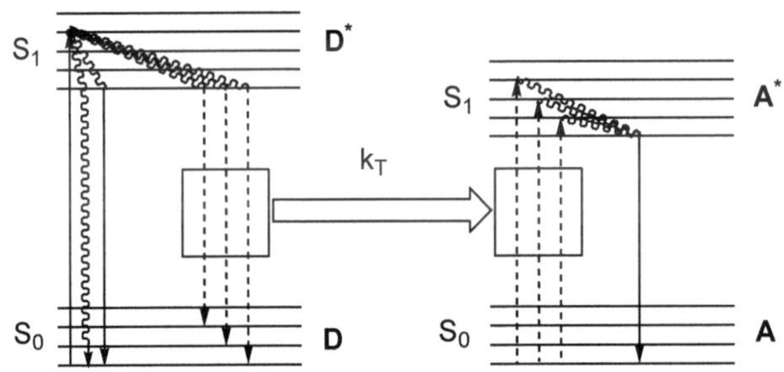

Abbildung 33: Jablonski-Diagramm des Energietranfsers, k_T ist die Übertragungsrate des Energietransfers zwischen dem Donor (D) und dem Akzeptor (A).

Nach *Förster* versteht man den Mechanismus der Energieübertragung als physikalisches Resonanzphänomen. Die Bewegung eines Elektrons des angeregten Donormoleküls in seinem Orbital (Oszillationen) beeinflusst die Bewegung eines Elektrons des Akzeptormoleküls. Im Resonanzfall erfolgt der Energietransfer, wobei das Elektron im Akzeptormolekül in oszillative Bewegung gerät (Anregung) und das Elektron im angeregten Donormolekül gleichzeitig seine Bewegung vermindert. Quantenmechanisch ausgedrückt mischen sich die Zustände in zwei Molekülen durch Dipol-Dipol-Wechselwirkungen.[82]

Förster konnte zeigen, dass ein so genannter kritischer Förster-Radius R_0 existiert, bei dem spontane Desaktivierung des angeregten Donors und Energietransfer auf den Akzeptor gleich wahrscheinlich sind.[80] Somit stellt R_0 eine räumliche Distanz zwischen dem Akzeptor-

Fluorophor und dem Donor-Fluorophor dar, bei dem der Energietransfer noch zu 50 % effizient ist. Weiterhin gilt, dass die Übertragungsrate des Energietransfers k_T mit der sechsten Potenz des Abstandes R zwischen dem Donor und dem Akzeptor abnimmt (Gleichung 1).[80]

$$k_T = \frac{1}{\tau_D}\left(\frac{R_0}{R}\right)^6 \tag{1}$$

τ_D bezeichnet die Fluoreszenzlebensdauer des Donors in Abwesenheit des Akzeptors. Da auch die Energietransfer-Effizienz E reziprok proportional zur sechsten Potenz des Abstandes R ist (Gleichung 2) und ebenfalls von der Emissionsintensität des Donors in Anwesenheit I und in Abwesenheit I_0 des Akzeptors abhängt (Gleichung 3), erlaubt die FRET-Methode Distanzen zwischen den Fluorophoren zu bestimmen (Gleichung 4).

$$E = \frac{1}{1+\left(R/R_0\right)^6} \tag{2}$$

$$E = 1 - \frac{I}{I_0} \tag{3}$$

$$R = \left(\frac{I}{I_0 - I}\right)^{\frac{1}{6}} \cdot R_0 \tag{4}$$

Die Energie-Transfer-Effizienz E für $R = 0.6\,R_0$ liegt bei 95 % und sinkt auf 5 % für $R = 1.6\,R_0$. Der Förster-Radius R_0 nimmt typischerweise Werte von 20 bis 60 Å an und ergibt sich aus der Wechselwirkung zwischen den beiden Übergangsdipolmomenten zu:

$$\left(R_0/[\text{Å}]\right)^6 = (8.79 \times 10^{-5})\kappa^2 n^{-4} Q_D J(\lambda) \tag{5}$$

Hierbei steht Q_D für die Fluoreszenzquantenausbeute des Donors, n für den Brechungsindex der Lösung und $J(\lambda)$ für das Überlappintegral, das ein Maß für die Überlappung zwischen dem Emissionsspektrum des Donors und dem Absorptionsspektrum des Akzeptors darstellt. κ ist ein Orientierungsparameter, der die Anordnung der Übergangsdipolmomente der Fluorophore beschreibt.

3.4 Design und Synthese von Membranpeptiden zur Aggregation durch Wasserstoffbrückenbindungen

Um Wasserstoffbrückenbindungen zur Aggregation von Transmembranhelices zu nutzen, sollten Modellpeptide mit geeigneten Erkennungseinheiten verwendet werden. Dabei dürfen die Erkennungseinheiten keinen negativen Einfluss auf die Sekundärstruktur oder die Membrangängigkeit der Modellpeptide ausüben. Alanyl-Nucleoaminosäuren H-AlaC-OH (**64**) und H-AlaG-OH (**65**) wurden bereits erfolgreich zur Aggregation von Peptiden in Lösung eingesetzt und sollten in dieser Arbeit zur Assoziation von Transmembranhelices verwendet werden (Abbildung 34).[83]

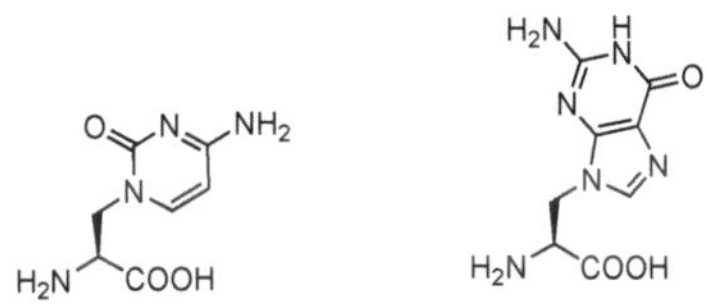

64 **65**

Abbildung 34: Alanyl-Nucleoaminosäuren H-AlaC-OH (**64**) und H-AlaG-OH (**65**).

D,L-Alternierend konfigurierte Peptide sind in der Lage, durch Wasserstoffbrücken zwischen den Peptidbindungen stabile doppelhelikale Strukturen auszubilden (Kapitel 3.2). Eine derartige antiparallele $\beta^{5.6}$-Helix wird insbesondere von Phenylalanin- und Tyrosinreichen D,L-alternierend konfigurierten Peptiden bereits bei einer Länge von acht Aminosäuren ausgebildet.[76, 78] Die Röntgenbeugungsanalyse eines Iod-markierten Derivats des D,L-alterniertend konfigurierten Dodecapeptids **P4** liefert deutliche Hinweise darauf, dass das Peptid die Lipidmembran durchspannt und vermutlich in einer doppelhelikalen Konformation vorliegt (Abbildung 35).[84] Diese Eigenschaften machen das Peptid **P4** zu einem vielversprechenden Modellsystem.

Damit die Polarität des Peptides **P4** durch den Einbau der Alanyl-Nucleoaminosäuren H-AlaC-OH (**64**) und H-AlaG-OH (**65**) nicht zu stark erhöht und dadurch die Membrangängigkeit beeinflusst wird, sollte zunächst nur eine Erkennungseinheit in das Innere der Peptidsequenz eingebaut werden. Dabei würde im Falle einer doppelhelikalen Struktur jede transmembrane Domäne zwei Erkennungseinheiten enthalten, so dass eine Ausbildung von höheren Aggregaten möglich sein sollte.

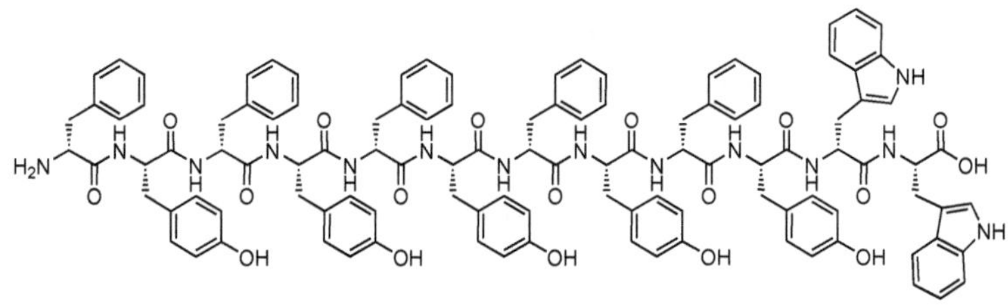

P4

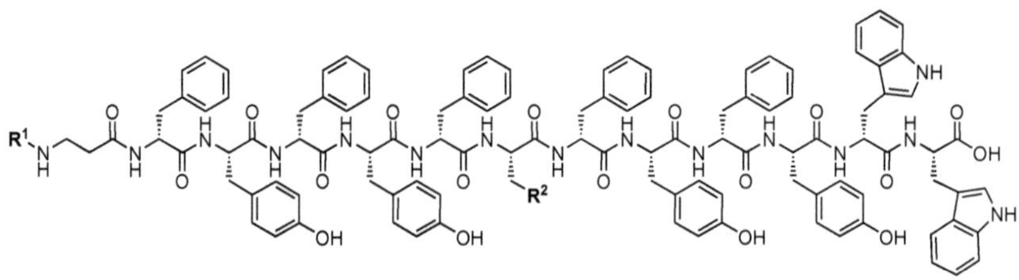

P5 R^1 = NBD, R^2 = N1-Cytosinyl
P6 R^1 = TAMRA, R^2 = N9-Guaninyl
P7 R^1 = Acetyl, R^2 = N9-Guaninyl
P8 R^1 = NBD, R^2 = 4-Hydroxyphenyl
P9 R^1 = TAMRA, R^2 = 4-Hydroxyphenyl
P10 R^1 = Acetyl, R^2 = 4-Hydroxyphenyl

Abbildung 35: D,L-alternierend konfigurierte Peptide **P4** bis **P10** sind dargestellt.

Um die Aggregation der Peptide zu untersuchen, sollte die FRET-Methode angewendet und die Peptide dazu mit geeigneten Fluorophoren versehen werden (Kapitel 3.3). Da Fluorophore meistens sterisch recht anspruchsvolle Markierungen darstellen und zum Teil polar sind, sollten diese nicht direkt am Peptidrückgrat angebracht werden. Um die Konformation und die Membrangängigkeit der Peptide nicht zu beeinflussen, erscheint eine Verknüpfung der Fluorophore über einen *N*-terminal-angebrachten *β*-Alanin-Linker als sinnvoll. Da die meisten D,L-alternierend konfigurierten Peptide, die eine $\beta^{5.6}$-Helix ausbilden, keine freien *N*-terminalen Aminofunktionen besitzen (Kapitel 3.2), wird durch diese *N*-terminale Verknüpfung kein negativer Einfluss auf die Sekundärstruktur oder die Membrangängigkeit der Peptide erwartet. Dennoch sollte vermerkt werden, dass das CD-Spektrum des Peptides **P4** und die CD-Spektren einiger Analoga, die keine freien *N*-terminalen Aminofunktionen enthalten, sich deutlich voneinander unterschieden.[84, 85] Da die Phenylalanin-, Tyrosin- und Tryptophanreste als Chromophore theoretisch in der Lage sind einen CD-spektroskopischen Beitrag zu leisten, reichen diese Daten jedoch nicht aus, um eine Aussage über die konformationelle Veränderungen des Peptidrückgrates treffen zu können.[45, 55]

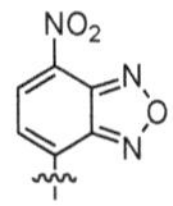 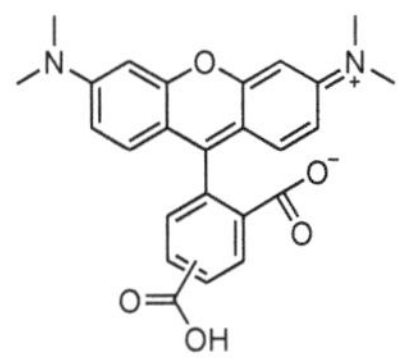

66 67

Abbildung 36: Die Strukturen der Fluorophore NBD (**66**) und TAMRA (**67**).

Für die Untersuchung der Aggregation der mit Alanyl-Nucleoaminosäuren modifizierten Peptide **P5**, **P6** und **P7** (Abbildung 35) erscheint ein Donor-Akzeptor-Paar mit einem Förster-Radius von ca. 50 Å, wie es für 7-Nitrobenz-2-oxa-1,3-diazol-4-yl (NBD, **66**) und 5(6)-Carboxytetramethylrhodamin (5(6)-TAMRA, **67**) der Fall ist, als gut geeignet (Abbildung 36). Der Abstand zwischen den Fluorophor-markierten Peptiden **P5** und **P6** beträgt für eine antiparallele $\beta^{5.6}$-Helix ca. 36 Å und ist für die parallele Anordnung der Peptide deutlich geringer, so dass die Energietransfer-Effizienz bei diesem Donor-Akzeptor-Paar bei mindestens 88 % liegt (Abbildung 37).

Außer dem Donor-markierten Peptid **P5**, das mit AlaC (**64**) modifiziert werden sollte und dem Akzeptor-markierten Peptid **P6**, welches AlaG (**65**) als Erkennungseinheit in der Peptidsequenz enthalten sollte, wird für die FRET-Experimente ein fluorophorfreies Peptid **P7** mit der Alanyl-Nucleoaminosäure AlaG (**65**) benötigt. Zusätzlich sollten die unmodifizierten Peptide **P8**, **P9** und **P10** für die FRET-Experimente als Vergleichspeptide verwendet werden.[85]

Vor der Synthese der Peptide **P5**, **P6** und **P7** wurden die Aminosäuren Boc-AlaC(Z)-OH und Boc-AlaG-OH synthetisiert[83] und anschließend für die Fmoc-Festphasensynthese zu Fmoc-AlaC(Z)-OH und Fmoc-AlaG-OH umgeschützt. Die Synthese der Peptide erfolgte für die proteinogenen Aminosäuren und *β*-Alanin nach der automatisierten Fmoc-Festphasensynthese. Zur Aktivierung der Aminosäuren wurde HBTU/HOBt und DIEA verwendet. Die Alanyl-Nucleoaminosäuren Fmoc-AlaC(Z)-OH und Fmoc-AlaG-OH wurden durch 2-(7-Aza-1*H*-benzotriazol-1-yl)-1,1,3,3-tetramethyluroniumhexafluorophosphat (HATU), 1-Hydroxy-7-azabenzotriazol (HOAt) und DIEA in DMSO aktiviert und manuell mittels einer Doppelkupplung gekuppelt. Alle Aminosäuren wurden dabei im Überschuss eingesetzt. Das Reagenz NBD-F wurde an die *N*-terminale Aminofunktion des harzgebundenen Peptides manuell gekuppelt. Der Fluoreszenzfarbstoff 5(6)-TAMRA (Gemisch von zwei Regioisomeren) wurde durch das Kupplungsreagenz Benzotriazol-1-yl-oxytripyrrolidinophosphoniumhexafluorophosphat (PyBOP®) aktiviert und an die *N*-terminale

Aminofunktion am Harz gebunden. Die Z-Schutzgruppe von H-AlaC-OH (**64**) des NBD-markierten Peptides wurde bei der Abspaltung vom Harz durch die Reagenzmischung TFA/Thioanisol/*m*-Kresol (63:20:17) entfernt.

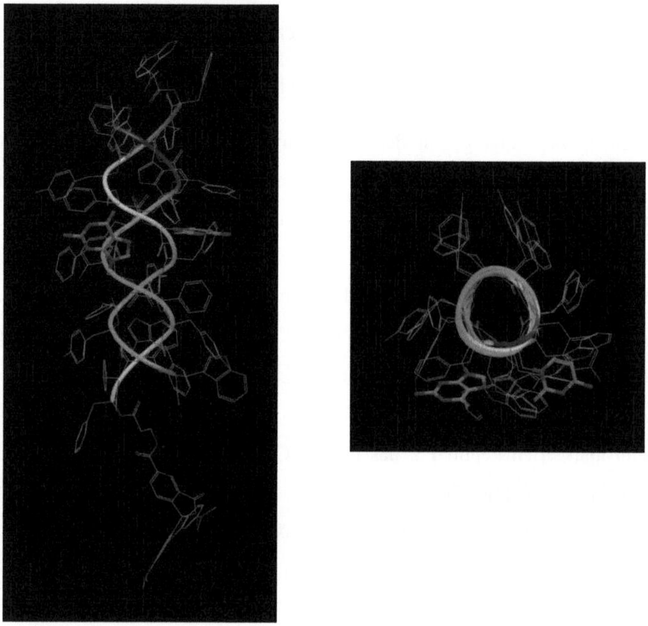

Abbildung 37: Die Peptide **P5** und **P6** sind in einer energieminimierten doppelhelikalen Konformation dargestellt. Das Peptidrückgrat basiert auf der antiparallelen $\beta^{5.6}$-Helix von Gramicidin D (PDB 1AL4)[86] und wurde bei der Strukturoptimierung mittels Amber* fixiert.[87]

Die Reinigung der Peptide wurde mittels RP-HPLC an einer C18-Säule bei 50 °C oder 60 °C durchgeführt. Die UV/VIS-Detektion der Peptide **P5** und **P6** erfolgte bei den fluorophorspezifischen Wellenlängen 464 nm und 540 nm. Die Peptide wurden anschließend massenspektrometrisch charakterisiert.

3.5 *Untersuchungen der D,L-alternierend konfigurierten Peptide mittels CD- und Fluoreszenz-Spektroskopie*

Um den Einfluss der Erkennungseinheiten auf die Konformation der modifizierten Peptide festzustellen, wurden die modifizierten (**P5**, **P6**, **P7**) und unmodifizierten (**P8**, **P9**, **P10**) Peptide mittels CD-Spektroskopie untersucht (Abbildung 38). Dabei wurde eine zeitabhängige Veränderung des CD-Spektrums der unmodifizierten Peptide festgestellt. Während direkt nach der Vesikelherstellung eine schwach positive Elliptizität im Bereich von 220 bis 240 nm beobachtet wurde, konnte nach einer Inkubationszeit von 15 Stunden bei 50 °C eine negative Elliptizität in diesem Bereich festgestellt werden. Die modifizierten Peptide zeigten keine vergleichbare Veränderung des CD-Spektrums.

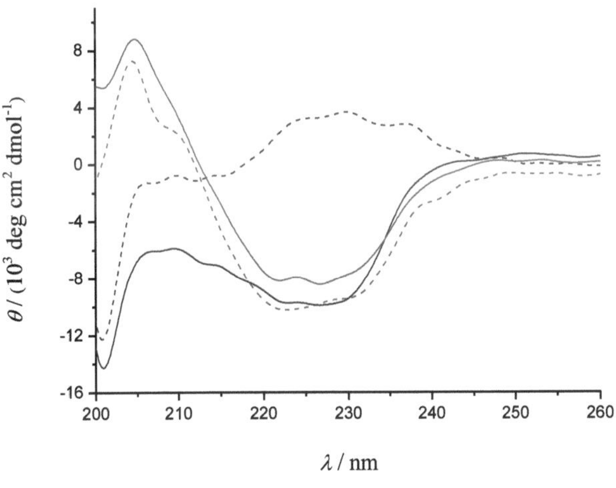

Abbildung 38: Die CD-Spektren der modifizierten **P5/P6/P7** (2:1:1) (rot) und unmodifizierten **P8/P9/P10** (2:1:1) (blau) Peptide in DLPC-Vesikeln mit einem Peptid/Lipid-Verhältnis von 1:100 wurden sofort nach der Vesikelherstellung (---) oder nach 15 Stunden bei 50 °C (—) in einem Phosphatpuffer (pH 7.4) bei 20 °C gemessen. Die Daten sind auf die Peptid-Konzentration und die Anzahl der Aminosäurereste normiert.

Die Veränderung der CD-Spektren der unmodifizierten (**P8**, **P9**, **P10**) Peptide deutet auf eine Konformationsänderung hin (Abbildung 38). Mittels der FRET-Daten kann dabei eine Änderung des Aggregationszustands ausgeschlossen werden, weil die Fluoreszenzlöschung sofort nach der Vesikelherstellung und nach einer 15-stündigen Inkubation der Vesikel bei 50 °C annähernd gleich ist (Anhang, Abbildung 69). Da das CD-Spektrum der modifizierten

(**P5**, **P6**, **P7**) Peptide keine derartige zeitabhängige Veränderung zeigt, erfolgt in diesem Fall vermutlich eine schnellere Gleichgewichtseinstellung. Ferner zeigen die CD-Spektren der modifizierten und der unmodifizierten Peptide (nach der Gleichgewichtseinstellung) übereinstimmende Elliptizitäten bei den Wellenlängen > 215 nm (Abbildung 38). Da der CD-spektrokopische Beitrag theoretisch nicht nur von den Peptidbindungen sondern auch von den Tyrosin-, Phenylalanin-, Tryptophanresten, Fluorophoren und den Nukleobasen abhängt, besteht die Möglichkeit, dass der unterschiedliche Kurvenverlauf bei den Wellenlängen < 215 nm auf die Nukleobasen oder auf eine unterschiedliche Orientierung der Seitenketten zurückzuführen ist.[45, 55, 88]

Um die Membrangängigkeit der modifizierten und unmodifizierten Peptide zu vergleichen, wurde die Tryptophan-Fluoreszenz der oben beschriebenen Vesikel bestimmt. Aufgrund der in den Peptiden enthaltenen Tyrosinreste erfolgte die Anregung bei einer Wellenlänge von 295 nm.

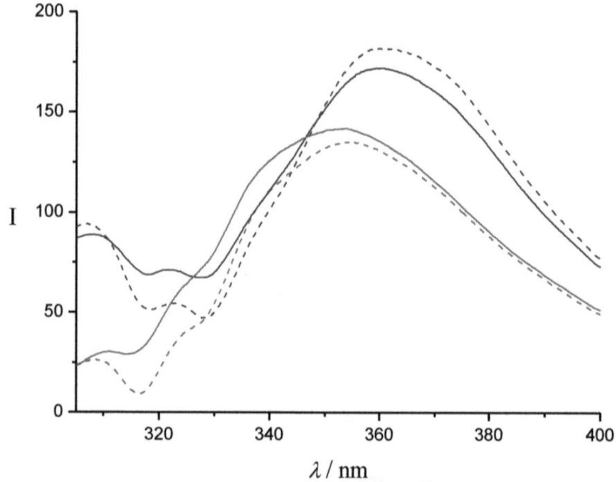

Abbildung 39: Tryptophan-Fluoreszenz-Spektren der modifizierten **P5/P6/P7** (2:1:1) (rot) und unmodifizierten **P8/P9/P10** (2:1:1) (blau) Peptide in DLPC-Vesikeln mit einem Peptid/Lipid-Verhältnis von 1:100. Die Fluoreszenz-Spektren wurden sofort nach der Vesikelherstellung (---) und nach 15 Stunden bei 50 °C (—) in einem Phosphatpuffer (pH 7.4) bei 20 °C gemessen.

Das Tryptophan-Fluoreszenz-Maximum der modifizierten Peptide (350 nm) und der unmodifizierten Peptide (360 nm) deuten auf eine wässrige Umgebung dieser Aminosäurereste hin (Abbildung 39). Da die Länge der Peptide für eine antiparallele $\beta^{5.6}$-

helikale Konformation ca. 23 Å (Abstand zwischen den *C*-Terminis) beträgt und da der hydrophobe Bereich der DLPC-Lipide in der fluiden Phase bei 19.5 Å liegt, wurde ein Tryptophan-Fluoreszenz-Maximum bei ca. 335 nm erwartet, das einer Anordnung der Tryptophanreste in der Lipid-Wasser-Grenzschicht entspricht.[89] Die Tryptophan-Fluoreszenz liefert allerdings keinen eindeutigen Hinweis auf die Lokalisierung der Tryptophane, weil nicht nur Wasser, sondern auch geladene oder polare Seitenketten eine Blauverschiebung des Fluoreszenzmaximums verursachen können.[90] Da sowohl die modifizierten Peptide als auch die unmodifizierten Peptide Tyrosinreste und somit polare Seitenketten in unmittelbarer Nähe zu Tryptophanresten vorweisen, kann anhand dieser Daten keine Aussage über die Membrangängigkeit der Peptide getroffen werden.

Das NBD-Fluoreszenzmaximum der modifizierten und der unmodifizierten NBD-markierten Peptide in den DLPC-Vesikeln liegt bei 530 nm und deutet auf eine wässrige Umgebung des Fluorophors hin.[91] Das entspricht der Vorstellung, dass die *N*-terminalen Markierungen außerhalb der Lipiddoppelschicht liegen.

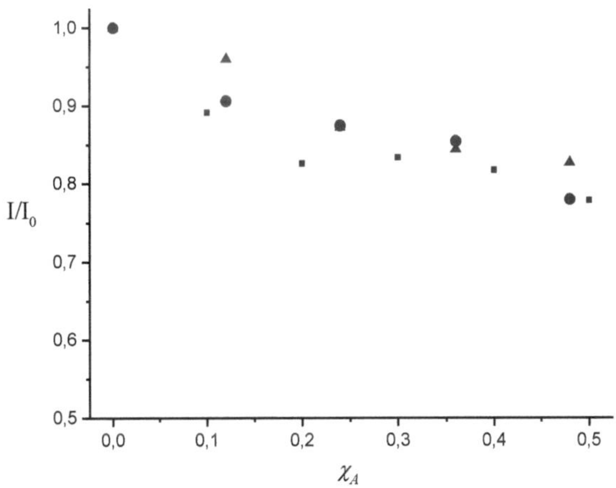

Abbildung 40: Das Verhältnis der Emissionsintensität des Donors in Anwesenheit I und in Abwesenheit I_0 des Akzeptors der unmodifizierten Peptide in DLPC-Vesikeln ist gegen den Akzeptor-Molenbruch χ_A bei den Peptid/Lipid-Verhältnissen 1:1500 (Quadrat), 1:1080 (Dreieck) und 1:360 (Kreis) aufgetragen.

Die Aggregationseigenschaften der modifizierten und der unmodifizierten Peptide wurden mittels FRET-Experimenten untersucht. Dazu wurde die Konzentration des NBD-markierten Peptids **P5** konstant gehalten und die Konzentration des TAMRA-markierten Peptids **P6** stufenweise erhöht. Mit dem Fluorophor-freien Peptid **P7** wurde die Gesamtkonzentration konstant gehalten.

Die FRET-Messungen der unmodifizierten Peptide bei drei verschiedenen Peptid/Lipid-Verhältnissen sowie die Messreihen der modifizierten Peptide bei den Peptid/Lipid-Verhältnissen 1:1500 und 1:900 ergaben vergleichbare Fluoreszenzlöschungen (Abbildung 40 und 41). Eine Inkubation der Peptide vor der Vesikelpräparation in Ethanol bei 50 °C, die dazu dienen sollte, alle eventuell vorhandene doppelhelikale Stukturen aufzubrechen und eine gleichmäßige Durchmischung der Peptide zu gewährleisten, lieferte keine signifikanten Unterschiede der FRET-Daten. Dagegen lieferte die Messreihe der modifizierten Peptide bei einem Peptid/Lipid-Verhältnis von 1:300 eine signifikant höhere Fluoreszenzlöschung.

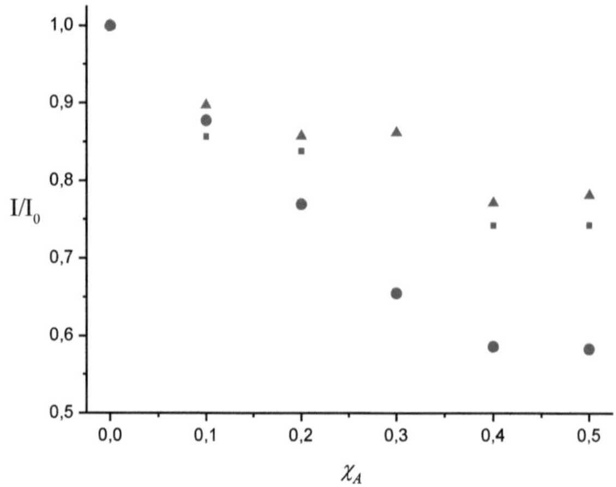

Abbildung 41: Das Verhältnis der Emissionsintensität des Donors in Anwesenheit I und in Abwesenheit I_0 des Akzeptors der modifizierten Peptide in DLPC-Vesikeln ist gegen den Akzeptor-Molenbruch χ_A bei den Peptid/Lipid-Verhältnissen 1:1500 (Quadrat), 1:900 (Dreieck) und 1:300 (Kreis) aufgetragen.

Bei dem Peptid/Lipid-Verhältnis von 1:1500 beträgt der Abstand zwischen den Peptiden bei einer gleichmäßigen Verteilung[3] > 29 nm (für Monomere) und ist damit deutlich größer als der Försterradius, so dass kein statistisches Quenching erwartet wird.[92] Da das statistische Quenching mit steigender Peptidkonzentration zunimmt aber bei allen drei Peptid/Lipid-Verhältnissen der unmodifizierten Peptide eine ähnliche Fluoreszenzlöschung auftritt, wird der beobachtete Effekt mit einer hohen Wahrscheinlichkeit durch eine Assoziation der Peptide

[3] Für DLPC-Lipide wurde eine Oberfläche von 57 Å^2 angenommen.

hervorgerufen (Abbildung 40). Die unmodifizierten Peptide bilden vermutlich eine $\beta^{5.6}$-Helix aus, die aus zwei Peptiden besteht und dadurch die Fluorszenzlöschung hervorruft. Durch ein Fitting der Daten mit der Funktion 6 kann der Anteil der monomeren N_M / N_T und der doppelhelikalen $(1 - N_M / N_T)$ Spezies ermittelt werden (Anhang 6.4).

$$\left(\frac{I}{I_0}\right)_n = \frac{N_M}{N_T} + \left(1 - \frac{N_M}{N_T}\right)(1 - \chi_A) \tag{6}$$

Die Berechnungen zeigen, dass 45 % der unmodifizierten Peptide als Dimere und die restlichen Peptide als Monomere vorliegen (Anhang, Abbildung 70). Dabei ist vorausgesetzt, dass der Abstand zwischen den Fluorophoren kleiner als der Försterradius ist (Kapitel 3.4). Für den Fall, dass der Abstand zwischen den Fluorophoren in der doppelhelikalen Struktur dem Försterradius (50 Å) entspricht, sinkt die Energie-Transfer-Effizienz auf 50 % (Kapitel 3.3). In diesem Fall liegen alle Peptide in einer doppelhelikalen von einer $\beta^{5.6}$-Helix abweichenden Konformation vor.

Da die FRET-Daten der unmodifizierten Peptide bei verschiedenen Peptid/Lipid-Verhältnissen vergleichbare Fluoreszenzlöschungen zeigen, befinden sich die eventuell vorhandenen Monomere und Dimere in den Vesikeln nicht im Gleichgewicht.

Die FRET-Messdaten der modifizierten Peptide bei einem Peptid/Lipid-Verhältnis von 1:300 zeigen eine größere Fluoreszenzlöschung, die auf konzentrationsabhängige Wechselwirkungen zwischen den Erkennungseinheiten der modifizierten Peptide hindeutet. Diese Wechselwirkungen bewirken wahrscheinlich eine Assoziation der Monomere und/oder Dimere zu höheren Aggregaten.

Diese Ergebnisse zeigen, dass die Alanyl-Nucleoaminosäuren AlaC (**64**) und AlaG (**65**) sehr gut zur Assoziation der D,L-alternierend konfigurierten Membranpeptide geeignet sind. Die Größe der Aggregate, sowie die Gleichgewichtskonstante können jedoch auf Grund der Unklarheit bezüglich der Konformation der unmodifizierten Peptide nicht ohne weitere Untersuchungen bestimmt werden.

3.6 Design, Synthese und CD- sowie Fluoreszenzspektroskopische Untersuchungen der *β*-Peptide

Um das Potential der *β*-Peptide als Transmembraneinheiten zu untersuchen, sollten *β*-Peptide mit einer geeigneten Aminosäuresequenz synthetisiert werden. Bei der Wahl der Aminosäurereste sollten die Wechselwirkungen mit den Lipidketten berücksichtigt werden. Weiterhin sollten die Peptide ausreichende Polarität aufweisen, um mittels RP-HPLC gereinigt werden zu können. Schließlich sollte eine geeignete Sonde in die Peptidsequenz integriert werden, um die Membrangängigkeit detektieren zu können.

Als Hauptkomponenten der Peptide wurden die Aminosäuren L-β^3-Homoleucin oder L-β^3-Homovalin, deren *α*-Analoga typische Bausteine der transmembranen *α*-Helices darstellen, gewählt.[93] Homovalin ist außerdem ein Promoter der 3_{14}-Helix, die auf Grund der repetitiven Struktur besonders gut zur Modifikation mit Erkennungseinheiten geeignet ist.[94] Der hydrophobe Bereich der Peptide wurde aus 18 Aminosäureresten aufgebaut und entspricht bei der Ausbildung einer 3_{14}-helikalen Struktur einer Länge von 28 Å. Diese Länge stimmt mit dem hydrophoben Bereich der POPC-Lipiddoppelschichten (26.5 Å) überein.[89a] Um die Polarität der Peptide zu erhöhen, wurden sechs Homolysinreste eingeführt (Abbildung 42). Da Homolysine wegen der polaren Aminofunktionen bevorzugt an der Lipidoberfläche lokalisiert sind, wurden diese Aminosäuren auf *C*- und *N*-Termini verteilt. Auf Grund der hydrophilen Flanken und des hydrophoben Kerns sollten die Peptide **P11**, **P12** und **P13** bevorzugt eine transmembrane Orientierung annehmen. Als Sonde wurde ein Homotryptophan in die Sequenzmitte oder in der Nähe des *N*-Terminus eingeführt (Abbildung 42).

P11 Ac-hLys$_3$-**hVal**$_6$-hTrp-**hVal**$_{11}$-hLys$_3$-NH$_2$

P12 Ac-hLys$_3$-**hLeu**$_6$-hTrp-**hLeu**$_{11}$-hLys$_3$-NH$_2$

P13 Ac-hLys$_3$-hTrp-**hLeu**$_{17}$-hLys$_3$-NH$_2$

Abbildung 42: *β*-Peptide **P11, P12** und **P13**.[4]

Die Synthese der L-β^3-Aminosäuren erfolgte aus den entsprechenden Boc-geschützten L-*α*-Aminosäuren.[95] Die Boc-Festphasensynthese erfolgte an einem MBHA-Harz. Homolysin wurde mit der 2-Cl-Z- und Homotryptophan mit der Formyl-Schutzgruppe verwendet. Alle Aminosäuren wurden im Überschuss eingesetzt, mittels HATU und DIEA aktiviert und dann manuell bei 90 °C über einen Zeitraum von 30 min gekuppelt. Die

[4] Alle Aminosäuren sind L-β^3-Aminosäuren

N-terminale Aminofunktion der Peptide wurde acetyliert. Die Schutzgruppen der Aminosäuren wurden durch die Reaktionsmischung TFA/DMS/*m*-Kresol/TFMSA/EDT (25:15:5:5:1) bei 0 °C entfernt. Die Peptide wurden anschließend durch TFA/TFMSA/Thioanisol/EDT (100:10:10:3) bei Raumtemperatur vom Harz abgespalten, mittels RP-HPLC gereinigt und massenspektrometrisch charakterisiert.

Die Sekundärstruktur der Peptide **P11**, **P12** und **P13** wurde zunächst mittels CD-Spektroskopie in Trifluorethanol (TFE) und anschließend in DLPC- und POPC-Vesikeln untersucht (Abbildungen 43 bis 45). Schließlich wurde die Tryptophan-Fluoreszenz der Peptide in DLPC- und in POPC-Vesikeln bestimmt.

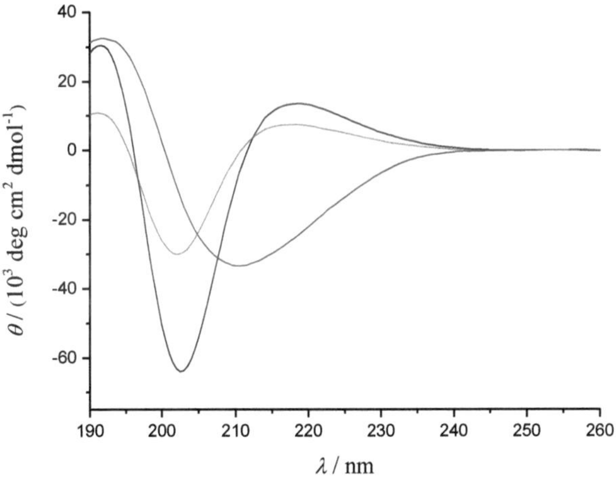

Abbildung 43: CD-Spektren der *β*-Peptide **P11** (rot), **P12** (grün) und **P13** (blau) in TFE bei 20 °C.

Die CD-Spektren des Peptids **P11** in Lipiddoppelschichten zeigen eine negative Elliptizität bei 215 nm (DLPC) bzw. bei 218 nm (POPC) und eine schwache positive Elliptizität bei 200 nm (nur DLPC). Sie sind vergleichbar mit dem CD-Spektrum in TFE, in dem das Minimum bei 210 nm und das Maximum zwischen 190 und 200 nm liegt (Abbildungen 43 und 44).

Die CD-Spektren der Peptide **P12** und **P13** in Lipiden zeigen ein Maximum bei 220 nm und ein schwaches Minimum bei 206 nm (nur DLPC) und stimmen mit den Extrempunkten der CD-Spektren in TFE (217 und 203 nm) überein. Die Intensität der CD-Signale aller Peptide ist in TFE deutlich ausgeprägter als in Lipidmembranen.

Die CD-spektroskopischen Daten der Peptide **P12** und **P13** deuten auf die Ausbildung einer 2.5_{12}-Helix in den Lipidmembranen und in TFE hin.[96] Das Peptid **P11** scheint in diesen Medien eine 3_{14}-helikale Struktur auszubilden.[96b]

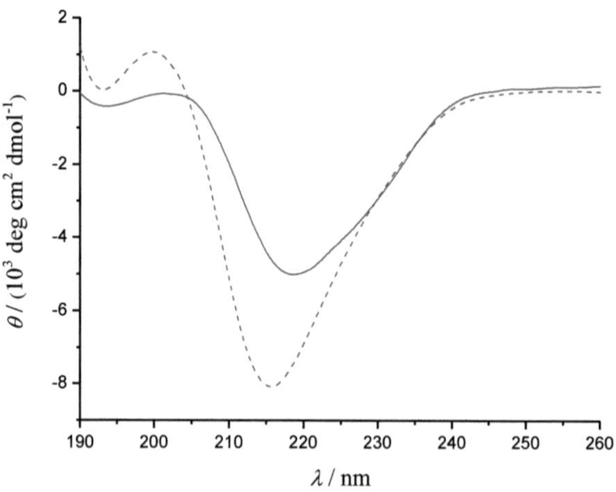

Abbildung 44: CD-Spektren des *β*-Peptides **P11** in DLPC (---) und in POPC-Vesikeln (—).

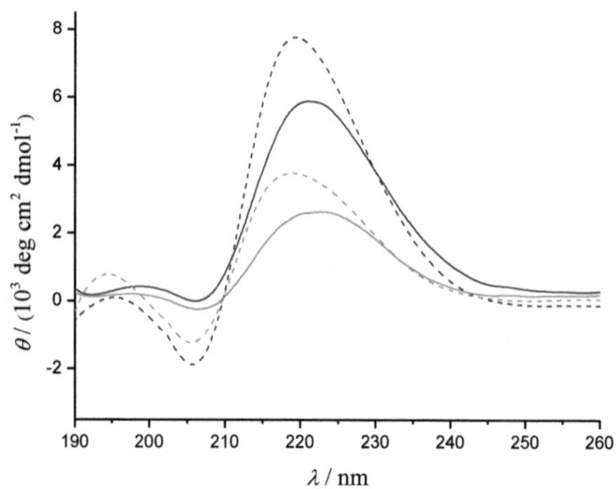

Abbildung 45: CD-Spektren der *β*-Peptide **P12** (grün) und **P13** (blau) in DLPC (---) und in POPC-Vesikeln (—).

Das Emissionsmaximum (λ_{max}) des Homotryptophans ist umgebungsabhängig und im Membraninneren zu kürzeren Wellenlängen verschoben (315 bis 325 nm). Nahe der Membranoberfläche liegt das Maximum im Bereich von 335 bis 340 nm.[89b, 89c] Die Homotryptophan-Fluoreszenz-Maxima der Peptide **P11**, **P12** und **P13** sind in der Tabelle 4 dargestellt.

	P11 λ_{max} / nm	**P12** λ_{max} / nm	**P13** λ_{max} / nm
POPC (26.5 Å)	325	314	334
DLPC (19.5 Å)	335	323	336

Tabelle **4**: Die Tryptophan-Emissionsmaxima (λ_{max}) der Peptide **P11**, **P12** und **P13** in DLPC- und POPC-Vesikeln.[89a]

Der hydrophobe Bereich des Peptides **P11** wird von 18 Aminosäureresten gebildet und beträgt 28 Å. Der Homotryptophanrest dieses Peptids scheint im Membraninneren der POPC-Lipiddoppelschichten angeordnet zu sein. Das Fluoreszenz-Maximum in DLPC-Lipidmembranen weist auf die Lokalisierung des Homotryptophanrestes in der Lipid-Wasser-Grenzschicht hin. Der Rest agiert dabei vermutlich als Lipidanker, so dass der Bereich zwischen dem Homotryptophan und dem *C*-Terminus (18.7 Å) senkrecht zur Membran orientiert ist (Abbildung 46).

Abbildung 46: Schematische Darstellung des Peptides **P11** in POPC- (oben) und in DLPC-Membranen (unten). Die rote Kugel stellt Homotryptophan dar.

Der hydrophobe Bereich der Peptide **P12** und **P13** wird von 18 Aminosäureresten gebildet und beträgt im Falle einer *2.5₁₂*-Helix 38 Å. Auf Grund der Fluoreszenz-Maxima (323 nm bzw. 314 nm) scheint das Peptid **P12** in die DLPC- und POPC-Lipidmembranen inkorporiert zu sein (Tabelle 4). Die Homotryptophanfluoreszenz des Peptides **P13** zeigt, dass die Termini der Peptide **P12** und **P13** wie erwartet an der Lipidoberfläche lokalisiert sind. Sollten die Peptide **P12** und **P13** tatsächlich eine 2.5_{12}-Helix ausbilden, dann ist die Transmembranhelix in einem Winkel von ca. 45° (POPC) bzw. 59° (DLPC) in der Lipidmembran orientiert.

Diese Daten zeigen, dass sowohl das Peptid **P11** als auch die Peptide **P12/P13** in den Lipidmembranen helikale transmembrane Konformationen annehmen. Da das Peptid **P11** die gewünschte 3_{14}-Helix ausbildet, scheint es ein geeignetes Modellsystem für die Untersuchungen der intermolekularen Wechselwirkungen innerhalb der Lipidmembranen darzustellen.

4. Zusammenfassung

In dieser Arbeit wurde eine neuartige Nitroxid-markierte chirale α-Aminosäure Fmoc-TOPP-OH (**22**) synthetisiert, die eine optimale Nutzung der neuen EPR-spektroskopischen Techniken ermöglicht. Da eine chirale α-Aminosäure mindestens die αC-βC-Rotationsachse aufweist, wurden die Nitroxidbindung und die αC-βC-Bindung in dem neuen Spinlabel TOPP auf einer starren Rotationsachse angeordnet, so dass die Position der Nitroxidgruppe und ihre Orientierung in x-Richtung[5] trotz der Rotation erhalten bleiben (Abbildung 47).

Um die Orientierung der Nitroxidgruppe und der αC-βC-Bindung von Fmoc-TOPP-OH (**22**) zu bestimmen, wurden DFT-Berechnungen der Molekülgeometrie von zwei Modellverbindungen mit Hilfe der Hybrid-Funktionale B3LYP und PBE0 durchgeführt. Es wurde nur eine geringe Abweichung von einer kollinearen Anordnung festgestellt.

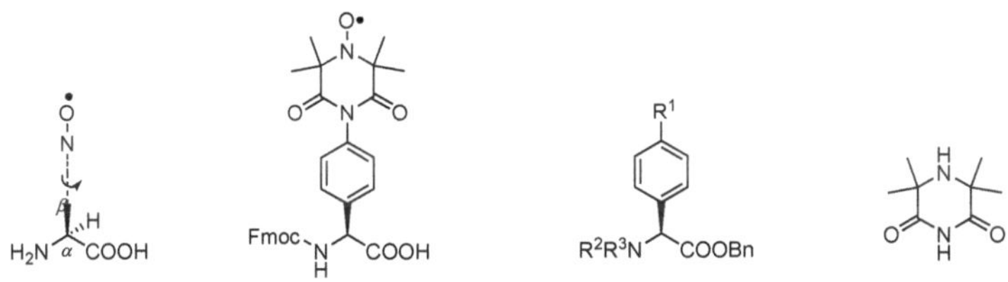

22

35 $R^1 = B(OH)_2$, $R^2 = R^3 = Bn$
54 $R^1 = OTf$, $R^2 = Cbz$, $R^3 = H$
56a $R^1 = OTf$, $R^2 = R^3 = Bn$

34

Abbildung 47: Schematische Darstellung einer Nitroxid-markierten Aminosäure mit dem α-Kohlenstoffatom und der Nitroxidbindung auf einer Rotationsachse (links). Strukturen von Fmoc-L-TOPP-OH (**22**) und den Aminosäuren **35**, **54**, **56a** sowie der Verbindung **34**.

Der Schlüsselschritt bei der Synthese der Aminosäure Fmoc-L-TOPP-OH (**22**) war die Chan-Lam-Kupplung zwischen Bn_2-4-dihydroxyboran-L-Phg-OBn (**35**) und 3,3,5,5-Tetramethylpiperazin-2,6-dion (**34**). Die Synthese der Boronsäure **35** gelang ausgehend von Bn_2-L-Hpg(Tf)-OBn (**56a**) mittels Palladium-katalysierter Miyaura Borylierung. Um das Triflat **56a** in einem hohen Enantiomerenüberschuss (ee > 92 %) zu erhalten, wurde zunächst das Triflat **54** synthetisiert und anschließend umgeschützt (Abbildung 47). Die Nitroxid-markierte Aminosäure Fmoc-L-TOPP-OH (**22**) wurde in einer 11-stufigen Synthese mit einer Gesamtausbeute von 17 % erhalten.

[5] Bezogen auf das Hauptachsensystem des g-Tensors der Nitroxidbindung.

Für die Peptidsynthese wurden modifizierte Kupplungsbedingungen verwendet, weil die üblichen Kupplungsreagenzien HBTU und DIEA zur vollständigen Racemisierung der Aminosäure **22** führten. Durch die Verwendung von DEPBT und $NaHCO_3$ in trockenem THF bei 0 °C wurden Dipeptide mit einer hohen Diastereomerenreinheit (de > 86 %) erhalten. Da bei der Abspaltung der Peptide vom Harz eine vollständige Umsetzung der Nitroxidradikale zu Hydroxylaminen erfolgte, wurden die Hydroxylamingruppen der Rohpeptide vor der Reinigung mittels HPLC unter sehr milden Bedingungen mit $Cu(OAc)_2$ zu Nitroxidgruppen reoxidiert.

P1 AcNH-AAAAK**X**A KAAAAAK AAKAKAA AA-$CONH_2$

P2 AcNH-AAAAK**X**A KAAAAAK AAKA**X**KA AAA-$CONH_2$

P3 AcNH-AAAAK**Y**A KAAAAAK AAKA**Y**KA AAA-$CONH_2$

Abbindung 48: Sequenzen der Peptide **P1**, **P2** und **P3** mit **X** = TOPP.

Für die EPR-spektroskopischen Untersuchungen wurden zwei alaninreiche Peptide **P1** und **P2** synthetisiert (Abbildung 48). Um den Einfluss von TOPP auf die Sekundärstruktur mittels CD-Spektroskopie zu untersuchen, wurde zusätzlich das Tyrosin-Analogon **P3** als Vergleichspeptid für das Peptid **P2** synthetisiert. Die CD-spektroskopischen Untersuchungen zeigten, dass die Seitenkette des Spinlabels TOPP und die Tyrosinseitenkette einen vergleichbaren Einfluss wie auf die Ausbildung der α-helikalen Struktur haben. Der Abstand zwischen zwei TOPP-Markierungen im Peptid **P2** wurde mittels EPR-Spektroskopie ermittelt und ergab 28 Å. Dies stimmt mit dem theoretisch bestimmten Abstand von 27 Å sehr gut überein.

Um das Potential der Wasserstoffbrückenbindungen zur Assoziation von Sekundärstrukturen innerhalb der Lipidmembranen zu ermitteln, wurden in dieser Arbeit D,L-alternierend konfigurierte Dodecapeptide verwendet. Als Erkennungseinheit wurde je eine Alanyl-Nucleoaminosäure in die Mitte der Peptidsequenz eingebaut (Abbildung 49), so dass jede doppelhelikale Domäne mit zwei Erkennungseinheiten funktionalisiert wurde. Die Ausbildung von höheren Aggregaten wurde mit Hilfe der FRET-Methode untersucht. Dazu wurden die Fluorophore NBD bzw. TAMRA an die *N*-terminalen Funktionen der Peptide gekuppelt. Zum Vergleich der Assoziationseigenschaften wurden ebenfalls Peptide ohne Erkennungseinheiten (**P8**, **P9**, **P10**) untersucht.

Die CD-Spektren der modifizierten (**P5**, **P6**, **P7**) und der unmodifizierten (**P8**, **P9**, **P10**) Peptide zeigen bei den Wellenlängen > 215 nm ähnliche Elliptizitäten. Auch FRET-Daten der modifizierten Peptide bei den Peptid/Lipidverhältnissen von 1:1500 und 1:900 stimmen mit den Daten der unmodifizieten Peptide überein, so dass kein oder nur ein geringer Einfluss der

Erkennungseinheiten auf die Konformation der D,L-alternierend konfigurierten Peptide angenommen wird.

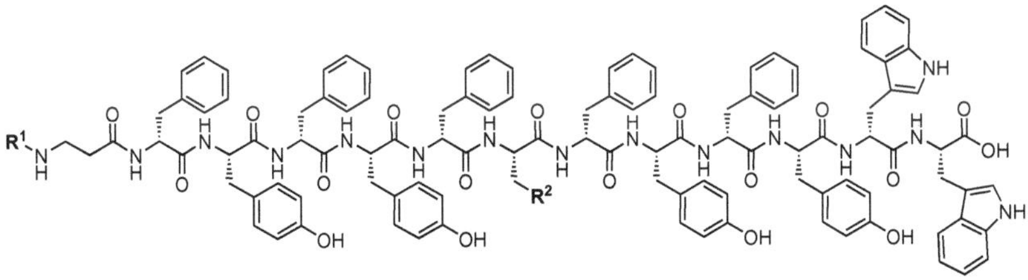

P5 R^1 = NBD, R^2 = N1-Cytosinyl
P6 R^1 = TAMRA, R^2 = N9-Guaninyl
P7 R^1 = Acetyl, R^2 = N9-Guaninyl
P8 R^1 = NBD, R^2 = 4-Hydroxyphenyl
P9 R^1 = TAMRA, R^2 = 4-Hydroxyphenyl
P10 R^1 = Acetyl, R^2 = 4-Hydroxyphenyl

Abbindung 49: Sequenzen der modifizierten (**P5**, **P6**, **P7**) und unmodifizierten (**P8**, **P9**, **P10**) D,L-alternierend konfigurierten Peptide.

Die FRET-Messdaten der modifizierten Peptide ergaben bei dem Peptid/Lipid-Verhältnis von 1:300 eine signifikant größere Fluoreszenzlöschung als bei geringeren Peptidkonzentrationen. Das deutet auf konzentrationsabhängige Wechselwirkungen zwischen den Erkennungseinheiten der modifizierten Peptide hin, die eine Assoziation der monomeren und/oder dimeren Sekundärstrukturen der D,L-alterniertend konfigurierten Dodecapeptide zu höheren Aggregaten bewirken.

In einer 3_{14}-Helix von *β*-Peptiden sind die Seitenketten jeder dritten Aminosäure zur gleichen Seite gerichtet, so dass drei definierte Flanken entstehen. Dadurch eignet sich diese Sekundärstruktur sehr gut für die Untersuchungen von intermolekularen Wechselwirkungen. Um transmembrane *β*-Peptide herzustellen, wurden Homovalin oder Homoleucin als Hauptkomponenten verwendet und die Termini der Peptide durch hydrophile Homolysinreste abgeschlossen (Abbildung 50). Die Membrangängigkeit wurde mittels Homotryptophan-Fluoreszenz bestimmt.

P11 Ac-hLys$_3$-**hVal$_6$**-hTrp-**hVal$_{11}$**-hLys$_3$-NH$_2$
P12 Ac-hLys$_3$-**hLeu$_6$**-hTrp-**hLeu$_{11}$**-hLys$_3$-NH$_2$
P13 Ac-hLys$_3$-hTrp-**hLeu$_{17}$**-hLys$_3$-NH$_2$

Abbildung 50: *β*-Peptide **P11**, **P12** und **P13**.[6]

[6] Alle Aminosäuren sind L-β^3-Aminosäuren

Die CD-spektroskopischen Daten und die Messungen der Homotryptophan-Fluoreszenz ergaben, dass sowohl das Peptid **P11** als auch die Peptide **P12/P13** in den Lipidmembranen helikale transmembrane Konformationen annehmen. Das Peptid **P11** bildet dabei die gewünschte 3_{14}-Helix aus, während die Peptide **P12/P13** die 2.5_{12}-helikale Konformation annehmen.

5. Experimenteller Teil

5.1 *Allgemeine Arbeitstechniken*

5.1.1 Reagenzien

Die verwendeten Harze wurden von den Firmen *IRIS Biotech* und *Novabiochem*, die Peptidkupplungsreagenzien von *Applied Biosystems*, *IRIS Biotech* und *Novabiochem* bezogen. Die Aminosäuren wurden von *ABCR, Bachem, Fluka, MultiSyntech* und *Novabiochem* und die verschiedenen Lipide von *AvantiPolarLipids* bezogen. Alle anderen Reagenzien stammen von den Firmen *Acros, ABCR, Fluka, Lancaster* und *Sigma-Aldrich* und entsprachen der Qualität *'zur Synthese'* oder *'zur Analyse'*.

5.1.2 Lösungsmittel

Alle technischen Lösungsmittel wurden vor Gebrauch destilliert. Trockene Lösungsmittel wurden entweder selbst getrocknet oder von *Fluka* und *Sigma-Aldrich* in der Qualität *puriss. absolut* bezogen. Für die Peptidsynthese wurde NMP von *Carl Roth* bezogen. Die Lösungsmittel für die HPLC wurden vor Gebrauch durch Rühren im Vakuum entgast. Acetonitril (*'HPLC-Qualität'*) wurde von *Acros Organics* bezogen und Wasser wurde mittels der Wasseraufbereitungsanlage 'Simplicity' der Firma *Millipore* aufbereitet.

5.1.3 Automatisierte SPPS

Automatisierte Peptid-Festphasensynthesen wurden entweder mit dem Peptidsynthesizer ABI 433A der Firma *Applied Biosystems* oder einem mikrowellenunterstützten Peptidsynthesizer der Firma *CEM* (Modell Liberty) durchgeführt.

5.1.4 Chromatographie

Dünnschichtchromatographie (DC)

Es wurden Dünnschichtfertigplatten mit Aluminiumfolie als Trägermaterial der Firma *Merck* verwendet (Kieselgel 60 F_{254}, Schichtdicke 0.25 mm). Die Detektion der Verbindungen erfolgte durch Fluoreszenzkontrolle bei einer Wellenlänge von 254 nm sowie das Anfärben mittels Ninhydrinlösung (0.5 g Ninhydrin, 1.5 mL Essigsäure in 250 mL Ethanol) oder

Kaliumpermanganatlösung (2 g $KMnO_4$, 13.3 g K_2CO_3, 3.3 mL 5 %ige NaOH in 200 mL H_2O) und anschließender Erhitzung durch einen Heißluftfön.

Flash-Säulenchromatographie

Als Säulenmaterial wurde das Kieselgel 60 der Firma *Merck* mit einer Korngröße von 40 - 63 µm verwendet. Die Säulen wurden nass befüllt und das Substanzgemisch als konzentrierte Lösung (im Laufmittel) oder an Kieselgel adsorbiert aufgetragen.

Hochleistungsflüssigkeitschromatographie (HPLC)

Alle per HPLC durchgeführten Trennungen wurden an Geräten der Firma *Pharmacia Biotech* (Äkta Basic 900, Hochdruckpumpenmodul P900, UV/VIS-Detektor UV900) und *JASCO* (2 Hochdruckpumpenmodule PU-2080*plus*, DAD MD-2010*plus*, Autosampler AS-2055*plus* und Säulenofen CO-2060*plus*) durchgeführt. Die UV/VIS-Detektion erfolgte bei den Wellenlängen 215 nm, 254 nm sowie 280 nm und für die Fluorophor-markierten Peptide bei der Wellenlänge 464 nm für NBD und 540 nm für TAMRA. Zur Trennung wurden folgende HPLC-Säulen verwendet:

Analytische:	*Chiralpak* IA (250 × 4.6 mm)
	Vydac 214TP54 (C4, 300 Å, 5 µm, 250 × 4.6 mm)
	YMC J'sphere ODS-AM (C18, 120 Å, 5 µm, 250 × 4.6 mm)
	Phenomenex Jupiter (C18, 300 Å, 5 µm, 250 × 4.6 mm)
	JASCO ReproSil 100 ODS-A (C4, 300 Å, 3 µm, 150 × 3 mm)
Semipräparative:	*Phenomenex* Jupiter (C18, 300 Å, 5 µm, 250 × 10 mm)

Die analytischen Proben wurden mit einer Fließgeschwindigkeit von 1 mL/min (*JASCO* ReproSil 100 mit 0.6 mL/min, Chiralpak IA mit 0.6 oder 0.8 mL/min) und die semipräparativen mit 3 mL/min eluiert. Laufmittel **A** bestand aus Wasser und Laufmittel **B** aus einem Gemisch von Acetonitril und Wasser im Verhältnis 8:2. Dem Laufmitteln **A** und **B** waren jeweils 0.1 % (v) TFA zugesetzt. Die verwendeten Gradienten der Laufmittel **A** und **B** sind angegeben.

5.1.5 Lyophilisation

Die Peptide wurden in 1,4-Dioxan gelöst oder suspendiert, mit Hilfe von flüssigem Stickstoff in einem Kolben eingefroren und anschließend an einem *Christ* Alpha-2-4 Lyophilisator gefriergetrocknet. Analog wurden Peptidlösungen in *Eppendorfcaps* mit Hilfe einer an den Lyophilisator angeschlossenen *Speed-Vac* Ultrazentrifuge gefriergetrocknet.

5.2 *Charakterisierung*

5.2.1 Massenspektrometrie

Die ESI-Massenspektren wurden mit einem Gerät der Firma *Finnigan* (Typ LCQ oder TSQ 7000) aufgenommen. Die Aufnahme der hochaufgelösten ESI-Massenspektren (HR-MS) erfolgte an einem APEX IV Spektrometer der Firma *Bruker*.

5.2.2 Kernspinresonanzspektroskopie (NMR)

Die NMR-Spektren wurden an *Varian* Unity 300 oder *Varian* INOVA 600 Spektrometern aufgenommen. Die Probentemperatur betrug im Fall von $CDCl_3$ 300 K und für DMSO-d_6-Lösungen 308 K. Die chemische Verschiebung der Signale ist in den Einheiten der δ-Skala registriert (TMS = 0 ppm). Als interner Standard dienen die Resonanzen der Restprotonen der verwendeten deuterierten Lösungsmitteln $CDCl_3$ und [D_6]DMSO: 7.26 ppm (^{1}H-NMR) und 77.2 ppm (^{13}C-NMR), [D_6]DMSO: 2.50 ppm (^{1}H-NMR) und 39.5 ppm (^{13}C-NMR). Die Multiplizitäten der Signale wurden durch die Abkürzungen s = Singulett, d = Dublett, t = Triplett, und m = Multiplett, dd = Dublett vom Dublett charkterisiert. Die Kopplungskontante *J* ist in Hertz (Hz) angegeben. Die Signalzuordnung erfolgte mit Hilfe von [^{1}H, ^{1}H]-COSY-, [^{1}H, ^{13}C]-HSQC- und [^{1}H, ^{13}C]-HMBC-Experimenten.

5.2.3 UV/VIS-Spektroskopie

Die UV/VIS-Spektren wurden mit einem UV/VIS-Spektrometer V-650 der Firma *Jasco* bei Raumtemperatur aufgenommen und um das Lösungsmittel korrigiert. Der Probenraum wurde permanent mit Stickstoff gespült.

5.2.4 Fluoreszenz-Spektroskopie

Die Emissions- und Anregungsspektren wurden mit dem Fluoreszenz-Spektrometer FP-6200 oder FP-6500 der Firma *Jasco* bei Raumtemperatur aufgenommen. Die Fluoreszenz-Spektren wurden um die Vesikelsuspension ohne Peptid bzw. um das Lösungsmittel korrigiert.

5.2.5 Circulardichroismus-Spektroskopie (CD)

Die Messungen wurden mit einem *Jasco* J-810A Spektropolarimeter, ausgestattet mit einer *Jasco* PTC423S Temperatureinheit, durchgeführt. Der Probenraum wurde permanent mit

Stickstoff gespült. Messparameter: *Data mode*: CD, *band width*: 1.0 nm, *response*: 1.0 s, *scan speed*: 100 nm/min, Küvettenlänge: 0.1 cm, 20 Akkumulationen, Temperatur: 20 °C. Die CD-Spektren wurden um die Vesikelsuspension ohne Peptid bzw. um das Lösungsmittel korrigiert und auf die Peptid-Konzentration und die Anzahl der Aminosäurereste normiert.

5.3 Allgemeine Arbeitsvorschriften

5.3.1 Vesikelpräparation

Das in Chloroform gelöste DLPC- bzw. POPC-Lipid und das in Ethanol gelöste Peptid wurden in einem Reagenzglas vereint und das Lösungsmittel im Stickstoffstrom zu einem dünnen, an der Glaswand haftenden, Film verblasen. Die Proben der D,L-alternierend konfigurierten Peptide wurden danach in 1 mL TFE gelöst und erneut verblasen. Um das Lösungsmittel vollständig zu entfernen, wurden die Proben 30 Minuten im Vakuum getrocknet. Zur Herstellung multilamellarer Vesikel wurde der Lipid-Peptid-Film nach Zugabe von 1 mL Tris-Puffer (10 mM Tris-HCl, 100 mM NaCl, pH 7.5) für die FRET-Experimente oder Phosphatpuffer (10 mM, pH 7.4) für alle anderen Untersuchungen bei Raumtemperatur inkubiert. Anschließend wurde die Suspension in periodischen Abständen (4 × 30 s im Abstand von jeweils 5 min) auf einem Vortexer geschüttelt. Zur Herstellung großer unilamellarer Vesikel (LUVs) mit einem mittleren Durchmesser von 100 nm wurde die multilamellare Vesikelsuspension mit Hilfe eines Miniextruders (LiposoFast®, *Avestin*) bei Raumtemperatur 31-mal durch eine Polycarbonatmembran mit einem Porendurchmesser von 100 nm gepresst. Für die FRET-Experimente betrug die Peptid-Konzentration 5.5 µM.

5.3.2 Kaiser-Test

Den qualitativen Nachweis einer erfolgreichen Kupplung oder Entschützung in der Festphasensynthese erbrachte der so genannte *Kaise*r-Test. Dazu wurde eine geringe Menge des Harzes in ein Reaktionsgefäß überführt und getrocknet. Anschließend wurde die Probe mit wenigen Tropfen der *Kaiser*-Test-Lösungen versetzt und für 5 min auf 120 °C erhitzt. Eine tiefblaue Färbung weist auf noch vorhandene primäre Amine hin, andernfalls bleibt die Lösung gelb. Für den Test wurden folgende Lösungen verwendet:

Reagenz 1: 16 g Phenol in 4 mL Ethanol

Reagenz 2: 0.5 mL (1 mM) wässrige KCN-Lösung in 24.5 mL Pyridin

Reagenz 3: 1 g Ninhydrin in 20 mL Ethanol.

5.3.3 Beladung vom NovaSyn® TGA Harz

In einem Kolben wurde das NovaSyn® TGA Harz (1 g) platziert, mit DMF bedeckt und 30 min gequollen. Die Aminosäure (10 eq.) in trockenem DCM wurde mit DIC (5 eq.) in trockenem DCM vereint und 20 min bei 0 °C gerührt. Das Lösungsmittel wurde unter vermindertem Druck entfernt, der Rückstand in wenig DMF gelöst und zum Harz hinzugegeben. DMAP (0.1 eq.) in DMF wurde ebenfalls zu dem Harz gegeben, das Harz 1 Stunde bei RT stehengelassen und gelegentlich gerührt. Dann wurde das Harz in eine spezielle 2 mL Spritze mit eingelegter PE-Fritte überführt, mit DMF (10 × 2 mL) gewaschen und die Harz-Beladung anschließend wiederholt.

5.3.4 Manuelle Synthese nach der Fmoc-Festphasenstrategie

Die manuelle Festphasensynthese wurde in einer speziellen 2 mL Spritze mit eingelegter PE-Fritte durchgeführt. Sämtliche Reagenzien wurden in gelöster Form in die Spritze aufgezogen. Zunächst wurde DCM zum Harz gegeben und 20 min geschüttel, dann wurde DMF zum Harz gegeben und weitere 20 min geschüttelt. Die Fmoc-Schutzgruppe wurde mittels 2 mL 20 % Piperidin in DMF (2 × 10 min) entfernt. Dann wurde das Harz mit DMF (10 × 2 mL) gewaschen. Anschließend wurde die Aminosäure (5 eq.), HATU (4.6 eq.), HOAt (5.0 eq.) und DIEA (10 eq.) in DMSO (500 µL) gelöst und zum Harz gegeben. Die Mischung wurde 30 min gekuppelt und das Harz erneut mit DMF (10 × 2 mL) gewaschen. Dann wurden die freien Aminofunktionen mit DMF/Ac_2O/DIEA (18:1:1) acetyliert (2 × 5 min) und das Harz mit DMF (10 × 2 mL) gewaschen. Während der einzelnen Schritte wurde die Spritze bei Raumtemperatur geschüttelt. Das Harz mit der gewünschten Peptidsequenz wurde mit DMF (10 × 2 mL), mit DCM (10 × 2 mL), mit Eisessig (10 × 2 mL) und schließlich mit Methanol (10 × 2 mL) gewaschen und unter vermindertem Druck über KOH getrocknet.

5.3.5 Automatisierte Synthese nach der Fmoc-Festphasenstrategie

Die automatisierte Synthese der Peptide erfolgte an einem ABI 433A Synthesizer der Firma *Applied Biosystems*. Zur Peptidsynthese nach der Fmoc-Festphasenstrategie wurde das Standardprotokoll *FastMoc 0.10 mmol* verwendet. Als Kupplungsreagenzien wurden HBTU/HOBt und DIEA verwendet. Die Capping-Lösung wurde vor jeder Synthese neu angesetzt. Im Anschluss an die automatisierte Festphasensynthese wurde das Harz in eine spezielle 2 mL Spritze mit eingelegter PE-Fritte überführt und mit DCM (5 × 2 mL) sowie mit Methanol (10 × 2 mL) gewaschen und im Vakuum über KOH 12 Stunden getrocknet.

5.3.6 Manuelle mikrowellenunterstützte SPPS

Die manuelle Festphasensynthese wurde in einer speziellen 2 mL Spritze mit eingelegter PE-Fritte durchgeführt. Sämtliche Reagenzien wurden in gelöster Form hinzugegeben. Zunächst wurde DCM zum Harz gegeben und 20 min geschüttel, dann wurde DMF zum Harz gegeben und weitere 20 min geschüttelt. Die Fmoc-Schutzgruppe wurde mittels 1 mL 20 % Piperidin in DMF (75 °C, 25 W, 30 s; 75 °C, 25 W, 3 min) entfernt. Dann wurde das Harz mit DMF (20 mL) gewaschen. Anschließend wurde die Aminosäure (5 eq.), HBTU (4.5 eq.) und DIEA (6 eq.) in DMF (375 µL) gelöst und zum Harz gegeben. Die Mischung wurde 7.5 min (75 °C, 10 W) gekuppelt und das Harz erneut mit DMF (20 mL) gewaschen. Das Harz mit der gewünschten Peptidsequenz wurde mit DMF (20 mL), mit DCM (20 mL) und schließlich mit Methanol (20 mL) gewaschen und unter vermindertem Druck über KOH 12 Stunden getrocknet.

5.3.7 Automatisierte mikrowellenunterstützte SPPS

Die automatisierte mikrowellenunterstützte Synthese der Peptide erfolgte an dem Synthesizer Liberty der Firma *CEM*. Zur Peptidsynthese nach der Fmoc-Festphasenstrategie wurde das Standardprotokoll *0.10-Scale* verwendet. Als Kupplungsreagenzien wurden HBTU/HOBt und DIEA verwendet. Die Capping-Lösung wurde vor jeder Synthese neu angesetzt. Im Anschluss an die automatisierte Festphasensynthese wurde das Harz in eine spezielle 2 mL Spritze mit eingelegter PE-Fritte überführt und mit DCM (10 × 2 mL) sowie mit Methanol (10 × 2 mL) gewaschen und im Vakuum über KOH 12 Stunden getrocknet.

5.3.8 Kupplung der Nitroxid-markierten Aminosäure Fmoc-TOPP-OH

Zum Harz, Fmoc-TOPP-OH (2 eq.), DEPBT (2 eq.) und $NaHCO_3$ (2 eq.) wurde bei 0 °C unter einer Argonatmosphäre trockenes THF (700 µL) hinzugegeben und zwei Stunden bei 0 °C und dann 30 min bei Raumtemperatur gerührt. Dann wurde DCM hinzugegeben und das Harz in einer speziellen 2 mL Spritze mit einer eingelegten PE-Fritte aufgenommen. Schließlich wurde das Harz mit DCM (10 × 2 mL) sowie mit Methanol (10 × 2 mL) gewaschen und im Vakuum über KOH 12 Stunden getrocknet.

5.4 *Synthese einer Nitroxid-markierten chiralen α-Aminosäure*

5.4.1 5-(Benzylcarbamoyl)-1*H*-imidazol-4-carbonsäure (40)[37]

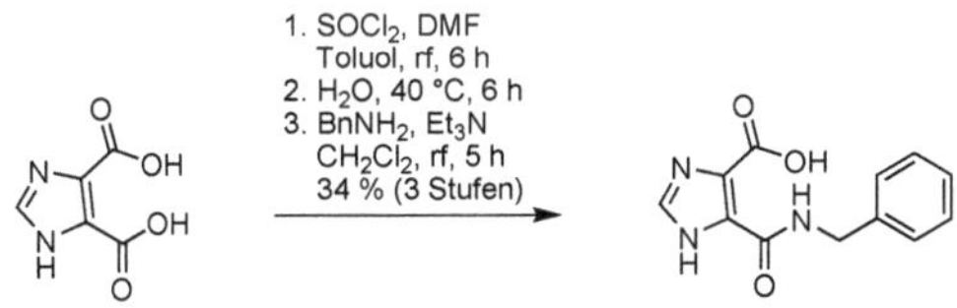

24 **40**

Zu einer Lösung von 1*H*-Imidazol-4,5-dicarbonsäure (2.00 g, 12.8 mmol) in Toluol (24 mL) und DMF (1 mL) wurde $SOCl_2$ (7.70 mL, 106 mmol) hinzugegeben und 6 Stunden unter Rückfluss erhitzt. Das Lösungsmittel wurde unter vermindertem Druck entfernt, der Rückstand mehrmals mit Toluol codestilliert und mit Toluol gewaschen. Der Feststoff wurde unter vermindertem Druck eingeengt und ergab 5,10-Dioxo-5*H*,10*H*-diimidazo[1,5-*a*:1',5'-*d*]pyrazine-1,6-dicarbonyl-dichlorid (1.81 g, 5.78 mmol). Dieses Zwischenprodukt wurde mit H_2O (25 mL) vereint und 6 Stunden bei 40 °C gerührt. Die Reaktionsmischung wurde filtriert, der Feststoff mit Wasser, dann mit Aceton gewaschen und unter vermindertem Druck getrocknet. Zum Zwischenprodukt 5,10-Dioxo-5*H*,10*H*-diimidazo[1,5-*a*:1',5'-*d*]pyrazine-1,6-dicarbonsäure (1.59 g, 5.76 mmol) in CH_2Cl_2 (40 mL) wurde Benzylamin (1.90 mL, 17.4 mmol) und Et_3N (4.20 mL, 30.3 mmol) hinzugegeben und 5 Stunden unter Rückfluss gekocht. Das Lösungsmittel wurde entfernt, der Rückstand in aq. Na_2CO_3 (10 %, 30 mL) gelöst und mit EtOAc (3 × 20 mL) extrahiert. Die wässrige Phase wurde mit 2 N HCl auf pH 2 angesäuert, auf 0 °C abgekühlt und filtriert. Der Feststoff wurde getrocknet, im heißen THF gelöst und erneut filtriert. Das Filtrat wurde unter vermindertem Druck eingeengt und ergab das Produkt **40** (1.10 g, 35 %, 4.49 mmol) als Feststoff.

^{1}H-NMR (300 MHz, [D$_6$]DMSO): δ = 13.70 (s, 1 H, Imidazol NH), 9.83 (s, 1 H, COOH), 8.01 (s, 1 H, Imidazol CH), 7.41-7.11 (m, 5 H, Phenyl CH), 4.51 (m$_c$, 2 H, CH_2); ^{13}C-NMR (126 MHz, [D$_6$]DMSO): δ = 164.3 (COOH), 158.8 (CONH), 138.3 (Imidazol C), 138.1 (Phenyl C), 134.4 (Imidazol C), 128.3 (2 Phenyl CH), 127.4 (2 Phenyl CH), 127.0 (Phenyl CH), 126.4 (Imidazol CH), 42.6 (CH_2); ESI-MS: *m/z* (%) = 268.1 (83) $[M+Na]^+$, 513.1 (100) $[2M+Na]^+$, 244.1 (100) $[M-H]^-$, 489.2 (100) $[2M-H]^-$; HR-ESI-MS: *m/z* berechnet für $C_{12}H_{10}N_3O_3$ $[M-H]^-$: 244.0728, gefunden 244.0727.

5.4.2 5-(Benzylcarbamoyl)-1-(2,4-dinitrophenyl)-1*H*-imidazol-4-carbonsäure (43)

40 **43**

Zu einer Lösung von 5-(Benzylcarbamoyl)-1*H*-imidazol-4-carbonsäure (**40**) (250 mg, 1.02 mmol) in Acetonitril (2 mL) wurde Fluor-2,4-dinitrobenzol (DNFB) (270 mg, 1.45 mmol) und Et_3N (555 µL, 4.01 mmol) hinzugegeben und 18 Stunden unter Lichtausschluss gerührt. Das Lösungsmittel wurde entfernt, der Rückstand in aq. Na_2CO_3 (10 %, 30 mL) gelöst und mit Et_2O (3 × 20 mL) extrahiert. Die wässrige Phase wurde mit 2N HCl auf pH 2 angesäuert und mit EtOAc (3 × 50 mL) extrahiert, die organische Phase über $MgSO_4$ getrocknet und unter vermindertem Druck eingeengt. Der Rückstand wurde mittels Flash-Chromatographie mit EtOAc/MeOH (9:1) gereinigt und ergab das Produkt **43** (350 mg, 83 %, 852 µmol) als gelbes Pulver.

^{1}H-NMR (300 MHz, [D$_6$]DMSO): δ = 10.83 (s, 1 H, COOH), 8.96 (d, J = 2.6 Hz, 1 H, Dnp CH), 8.75 (dd, J = 8.6 Hz, J = 2.6 Hz, 1 H, Dnp CH), 8.41 (s, 1H, CONH), 8.08 (d, J = 8.6 Hz, 1 H, Dnp CH), 7.50-7.18 (m, 5 H, Phenyl CH), 6.88 (s, 1 H, Imidazol CH), 4.58 (m$_c$, 2 H, CH_2); ^{13}C-NMR (126 MHz, [D$_6$]DMSO): δ = 163.7 (COOH), 158.0 (CONH), 147.7 (C-NO_2), 144.8 (C-NO_2), 139.1 (Phenyl C), 137.9 (Imidazol C), 135.9 (Imidazol C), 134.7 (Dnp C), 131.9 (Dnp CH), 128.9 (Dnp CH), 128.4 (2 Phenyl CH), 127.5 (2 Phenyl CH), 127.1 (Phenyl CH), 124.8 (Imidazol CH), 120.4 (Dnp CH), 42.9 (CH_2); ESI-MS: m/z (%) = 434.1 (100) $[M+Na]^+$, 410.1 (100) $[M-H]^-$; HR-ESI-MS: m/z berechnet für $C_{18}H_{12}N_5O_7$ $[M-H]^-$: 410.0742, gefunden 410.0743.

5.4.3 *N*-Benzyl-1-(2,4-dinitrophenyl)-1*H*-imidazol-5-carbonsäureamid (41)

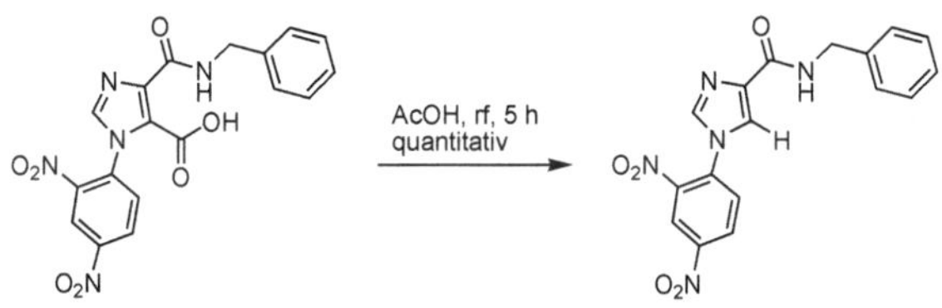

43 41

Eine Lösung von 5-(Benzylcarbamoyl)-1-(2,4-dinitrophenyl)-1*H*-imidazol-4-carbonsäure (**43**) (51.0 mg, 221 µmol) in Eisessig (25 mL) wurde zwei Stunden unter Rückfluss gerührt und anschließend das Lösungsmittel unter vermindertem Druck entfernt. Der Rückstand wurde in CH_2Cl_2 (20 mL) aufgenommen und mit aq. Na_2CO_3 (10 %, 10 mL) gewaschen. Die organische Phase wurde über $MgSO_4$ getrocknet, unter vermindertem Druck eingeengt und ergab quantitativ das Produkt **41** als weißen Feststoff.

^{1}H-NMR (300 MHz, [D$_6$]DMSO): δ = 8.99-8.94 (m, 1 H, Dnp CH), 8.76-8.61 (m, 2 H, Dnp CH, CONH), 8.19-8.03 (m, 3 H, Dnp CH, Imidazol 2 CH), 7.40-7.17 (m, 5 H, Phenyl CH), 4.46 (m$_c$, 2 H, CH_2); ^{13}C-NMR (126 MHz, [D$_6$]DMSO): δ = 161.3 (CONH), 146.9 (C-NO_2), 143.8 (C-NO_2), 139.8 (Phenyl C), 137.8 (Imidazol C), 137.7 (Imidazol CH), 134.4 (Dnp C), 130.5 (Dnp CH), 128.8 (Dnp CH), 128.1 (2 Phenyl CH), 127.2 (2 Phenyl CH), 126.6 (Phenyl CH), 122.9 (Imidazol CH), 121.2 (Dnp CH), 41.8 (CH_2); ESI-MS: *m/z* (%) = 368.4 (21) $[M+H]^+$, 390.5 (34) $[M+Na]^+$, 757.0 (100) $[2M+Na]^+$.

5.4.4 2,2′-Iminobis(2-methylpropionitril) (45)[38]

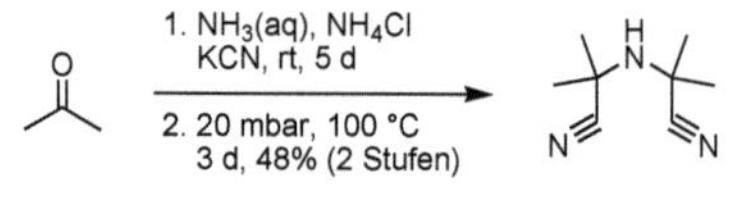

44 **45**

Zu einer Lösung von KCN (78.1 g, 1.20 mol) und NH_4Cl (77.0 g, 1.44 mol) in aq. Ammoniak (38 %, 500 mL) wurde bei 0 °C innerhalb von einer Stunde Aceton (71.2 mL, 970 mmol) zugetropft. Anschließend wurde die Lösung fünf Tage bei Raumtemperatur gerührt, dann mit CH_2Cl_2 (3 × 250 mL) extrahiert, die organische Phase über $MgSO_4$ getrocknet und das Lösungsmittel unter vermindertem Druck entfernt. Der Rückstand wurde unter vermindertem Druck destilliert und das Zwischenprodukt 2-Amino-2-methylpropionitril (60.8 g, 720 mmol) erhalten. Dieses wurde drei Tage unter vermindertem Druck (50 → 20 mbar) unter Rückfluss auf 100 °C erhitzt. Das übrige Zwischenprodukt wurde unter vermindertem Druck entfernt und das Produkt **45** (35.5 g, 48 %, 235 mmol) erhalten.

^{1}H-NMR (300 MHz, $CDCl_3$): δ = 1.72 (s, 1H, NH), 1.62 (s, 12H, CH_3); ^{13}C-NMR (126 MHz, $CDCl_3$): δ = 123.2 (2 CN), 49.0 (2 $C(CH_3)_2$), 29.0 (4 CH_3).

5.4.5 3,3,5,5-Tetramethylpiperazin-2,6-dion (34)[38]

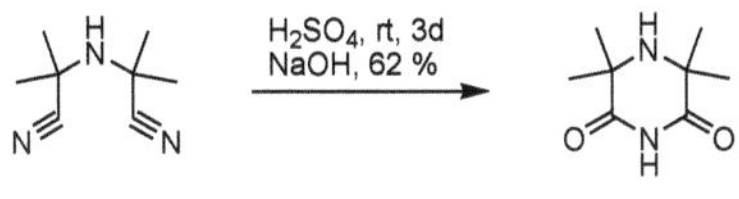

2,2′-Iminobis(2-methylpropionitril) (**45**) (17.1 g, 112 mmol) wurde bei 5 °C innerhalb von zwei Stunden zu H_2SO_4 (124 mL) hinzugegeben und drei Tage bei Raumtemperatur gerührt. Dann wurde die Lösung eine Stunde bei 100 °C und anschließend bei Raumtemperatur über Nacht gerührt. Das Gemisch wurde auf Eis (1.5 kg) gegeben, langsam bei 15 °C mit 10N NaOH neutralisiert und eingeengt. Der Rückstand wurde in MeOH (1 L) suspendiert, Na_2SO_4 abfiltriert und das Filtrat eingeengt. Der Rückstand wurde mit Wasser, dann mit Pentan gewaschen und ergab das Produkt **34** (11.8 g, 62 %, 69 mmol).

^{1}H-NMR (300 MHz, [D$_6$]DMSO): δ =10.60 (s, 1 H, CONH), 2.72 (s, 1 H, NH), 1.27 (s, 12 H, CH_3); ^{13}C-NMR (126 MHz, [D$_6$]DMSO): δ =177.8 (2 CONH), 54.6 (2 *C*(CH_3)$_2$), 27.7 (4 CH_3); ESI-MS: *m/z* (%) = 363.2 (100) [2M+Na]$^+$, 169.1 (100) [M-H]$^-$.

5.4.6 *N*-(1-Carboxy-1-methylethyl)-2-methylalanin (30)

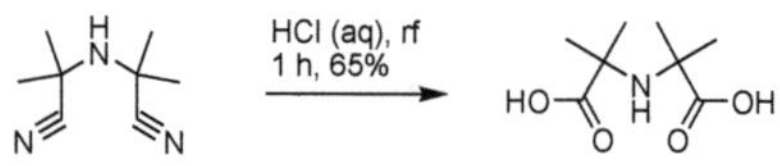

45 **30**

2,2′-Iminobis(2-methylpropionitril) (**45**) (1.00 g, 6.61 mmol) und aq. HCl (37 %, 3.85 mL, 46.2 mmol) wurden vereint und 30 min bei Raumtemperatur gerührt. Dann wurde die Lösung eine Stunde unter Rückfluss erhitzt. Anschließend wurde die Reaktionsmischung mit NH_4OH neutralisiert und eingeengt. Die Umkristallisation aus Wasser ergab das Produkt **30** (0.81 g, 65 %, 4.28 mmol).

^{1}H-NMR (300 MHz, D_2O) δ = 1.62 (s, 12 H, CH_3); ^{13}C-NMR (126 MHz, D_2O): δ =178.0 (2 COOH), 58.4 (2 *C*(CH_3)$_2$), 23.7 (4 CH_3); MS-DCI (NH_3): *m/z* (%) = 207.2 (100) $[M+NH_4]^+$.

5.4.7 3,3,5,5-Tetramethyl-1-phenylpiperazin-2,6-dion (46)

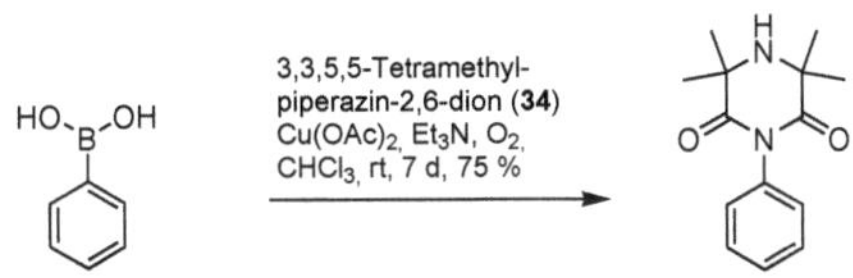

Eine Suspension von Benzolboronsäure (**49**) (73.0 mg, 600 µmol), 3,3,5,5-Tetramethylpiperazin-2,6-dion (**34**) (34.0 mg, 200 µmol), $Cu(OAc)_2$ (109 mg, 600 µmol) und Et_3N (83.0 µL, 600 µmol) in $CHCl_3$ (5 mL) wurde unter einer Sauerstoffatmosphäre 7 Tage bei Raumtemperatur gerührt. Die Reaktionsmischung wurde durch Celite filtriert, Wasser (10 mL) hinzugegeben und die Suspension mit CH_2Cl_2 (3 × 15 mL) extrahiert. Die organische Phase wurde mit einer gesättigten NaCl-Lösung (10 mL) gewaschen, über $MgSO_4$ getrocknet und unter vermindertem Druck eingeengt. Der Rückstand wurde mittels Flash-Chromatographie mit EtOAc/Pentan (1:1) gereinigt und ergab das Produkt **46** (111 mg, 75 %, 451 µmol).

^{1}H-NMR (300 MHz, [D$_6$]DMSO): δ = 7.51-7.33 (m, 3 H, Phenyl CH), 7.13-7.03 (m, 2 H, Phenyl CH), 2.96 (s, 1 H, NH), 1.40 (s, 12 H, CH_3); ^{13}C-NMR (126 MHz, [D$_6$]DMSO): δ = 176.3 (2 $CONR_2$), 135.9 (Phenyl C), 128.6 (2 Phenyl CH), 128.4 (2 Phenyl CH), 127.7 (Phenyl CH), 55.3 (2 *C*$(CH_3)_2$), 28.0 (4 CH_3); ESI-MS: *m/z* (%) = 247.1 (100) $[M+H]^+$, 269.1 (80) $[M+Na]^+$, 515.3 (34) $[2M+Na]^+$, 245.1 (100) $[M-H]^-$; HR-ESI-MS: *m/z* berechnet für $C_{14}H_{19}N_2O_2$ $[M+H]^+$: 247.1441, gefunden 247.1443.

5.4.8 2-(2-Methyl-3-oxoheptan-2-ylamino)-2-methyl-*N*-phenylpropanamid (50)

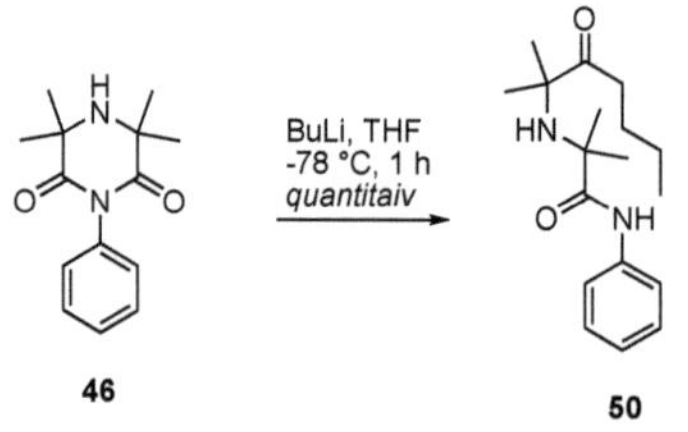

Phenylimid **46** (50.0 mg, 203 μmol) wurde unter einer Schutzgasatmosphäre in THF (1 mL) gelöst, die Lösung auf -78 °C gekühlt und *n*-BuLi (2.5 M, 81.0 μL, 203 μmol) hinzugegeben. Die Reaktionsmischung wurde eine Stunde bei -78 °C gerührt, dann mit ges. NH_4Cl-Lösung (100 μL) versetzt und anschließend auf Raumtemperatur erwärmt. Die Reaktionsmischung wurde in Wasser (10 mL) aufgenommen und mit CH_2Cl_2 (3 × 15 mL) extrahiert. Die organische Phase wurde über $MgSO_4$ getrocknet, unter vermindertem Druck eingeengt und ergab quantitativ das Produkt **50**.

^{1}H-NMR (300 MHz, [D$_6$]DMSO): δ = 9.6 (s, 1H, CONH), 7.69-6.97 (m, 5 H, Phenyl CH), 2.61-2.39 (m, 2 H, CH_2), 1.67-0.78 (m, 20 H, NH, 2 CH_2, 5 CH_3); ^{13}C-NMR (126 MHz, [D$_6$]DMSO): δ = 216.6 (CO), 176.3 (CONH), 138.1 (Phenyl C), 129.0 (2 Phenyl CH), 123.7 (Phenyl CH), 119.0 (2 Phenyl CH), 62.2 (*C*(CH_3)$_2$), 58.4 (*C*(CH_3)$_2$), 37.0 (CH_2), 27.0 (C(CH_3)$_2$), 26.1 (C(CH_3)$_2$), 25.7 (CH_2), 22.2 (CH_2), 13.9 (CH_3); ESI-MS: *m/z* (%) = 305.2 (100) $[M+H]^+$, 327.2 (17) $[M+Na]^+$, 631.4 (25) $[2M+Na]^+$, 303.2 (100) $[M-H]^-$; HR-ESI-MS: *m/z* berechnet für $C_{18}H_{29}N_2O_2$ $[M+H]^+$: 305.222, gefunden 305.223.

5.4.9 2-(2-(Phenylcarbamoyl)propan-2-ylamino)-2-methylpropionsäure (51)

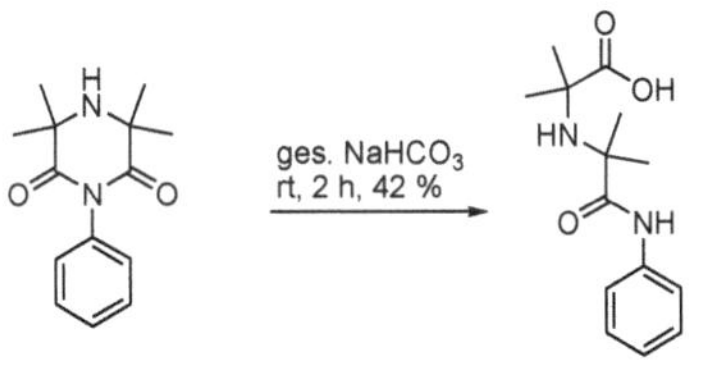

46 51

Phenylimid **46** (20.0 mg, 81.2 µmol) in ges. $NaHCO_3$-Lösung (1 mL) wurde zwei Stunden bei Raumtemperatur gerührt und anschließend Lyophilisiert. Der Feststoff wurde in [D_6]DMSO (1 mL) suspendiert und dann filtriert. Das Filtrat enthielt das Produkt **51** (42 %).

^{1}H-NMR (300 MHz, [D_6]DMSO): δ = 7.74-7.51 (m, 2 H, Phenyl CH), 7.36-7.18 (m, 2 H, Phenyl CH), 7.08-6.92 (m, 1 H, Phenyl CH), 1.24 (s, 6 H, 2 CH_3), 1.08 (s, 6 H, 2 CH_3); ^{13}C-NMR (126 MHz, [D_6]DMSO): δ = 177.5 (COOH), 176.6 (CONHR), 139.1 (Phenyl C), 128.6 (2 Phenyl CH), 122.7 (Phenyl CH), 118.9 (2 Phenyl CH), 58.2 ($C(CH_3)_2$), 55.4 ($C(CH_3)_2$), 27.6 (2 CH_3), 26.8 (2 CH_3); ESI-MS: *m/z* (%) = 265.1 (100) $[M+H]^+$, 263.1 (100) $[M-H]^-$, 527.3 (100) $[2M-H]^-$; HR-ESI-MS: *m/z* berechnet für $C_{14}H_{21}N_2O_3$ $[M+H]^+$: 265.1547, gefunden 265.1547.

5.4.10 Cbz-L-Hpg-OH

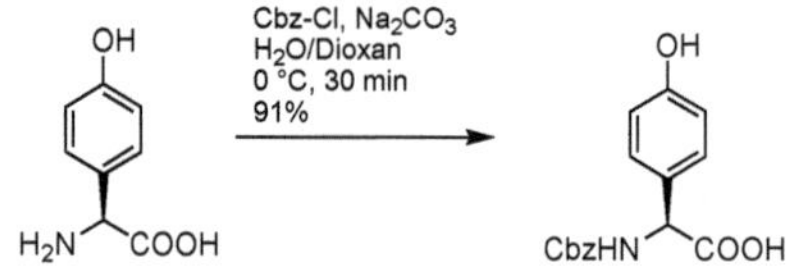

52

L-4-Hydroxyphenylglycin (**52**) (3.00 g, 17.9 mmol) in aq. Na_2CO_3 (10 %, 40 mL) wurde bei 0 °C zu einer Lösung von Cbz-Cl (50 % in Toluol, 6.10 mL, 18.2 mmol) in Dioxan (30 mL) hinzugegeben. Die Reaktionsmischung wurde 30 min bei 0 °C und anschließend eine Stunde bei Raumtemperatur gerührt. Das organische Lösungsmittel wurde unter vermindertem Druck entfernt, die wässrige Phase zu Eiswasser (100 mL) gegeben und mit EtOAc (3 × 50 mL) extrahiert. Die wässrige Phase wurde mit 2N HCl auf pH 2 angesäuert und mit EtOAc (3 × 50 mL) extrahiert. Die organische Phase wurde mit Wasser (30 mL) gewaschen, über $MgSO_4$ getrocknet und unter vermindertem Druck eingeengt. Die Titelverbindung (4.90 g, 91%, 16.3 mmol) wurde als weißer Feststoff erhalten.

^{1}H-NMR (300 MHz, [D$_6$]DMSO): δ = 12.67 (s, 1 H, COOH), 9.43 (s, 1 H, OH), 7.89 (d, J = 7.9 Hz, 1 H, NH), 7.46-7.26 (m, 5 H, Phenyl CH), 7.24-7.18 (m, 2 H, Phenyl CH), 6.77-6.70 (m, 2 H, Phenyl CH), 5.06 (s, 2 H, CH_2), 5.05 (d, J = 7.9 Hz, 1 H, α-CH); ^{13}C-NMR (126 MHz, [D$_6$]DMSO): δ = 172.2 (COOH), 156.9 (C-OH), 155.6 (CONH), 136.8 (Phenyl C), 128.8 (2 Phenyl CH), 128.1 (2 Phenyl CH), 127.6 (Phenyl CH), 127.5 (2 Phenyl CH), 127.1 (Phenyl C), 115.0 (2 Phenyl CH), 65.4 (CH_2), 57.5 (α-C); ESI-MS: m/z (%) = 324.2 (50) $[M+Na]^+$, 340.2 (100) $[M+K]^+$, 641.2 (34) $[2M+K]^+$, 300.1 (43) $[M-H]^-$, 623.1 (100) $[2M+Na-2H]^-$, 940.2 (100) $[3M+K-2H]^-$; HR-ESI-MS: m/z berechnet für $C_{16}H_{15}NO_5Na$ $[M+Na]^+$: 324.0842, gefunden 324.0846.

5.4.11 Cbz-L-Hpg-OBn (53)

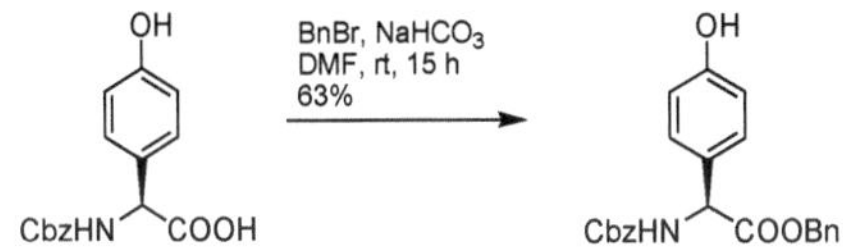

53

Zu einer eisgekühlten Lösung von Cbz-L-Hpg-OH (4.80 g, 15.9 mmol) und $NaHCO_3$ (1.40 g, 16.7 mmol) in trockenem DMF (80 mL) wurde tropfenweise BnBr (2.30 mL, 19.3 mmol) hinzugegeben und 15 Stunden bei Raumtemperatur gerührt. Die Reaktionsmischung wurde mit Wasser vereint (120 mL) und mit EtOAc (3 × 50 mL) extrahiert. Die organische Phase wurde mit Wasser (20 mL) und mit gesättigter NaCl-Lösung (3 × 20 mL) gewaschen, über $MgSO_4$ getrocknet und unter vermindertem Druck eingeengt. Der Rückstand wurde mittels Flash-Chromatographie mit EtOAc/Pentan (1:1) gereinigt und das Produkt **53** (3.90 g, 63%, 9.96 mmol) als weißer Feststoff erhalten.

^{1}H-NMR (300 MHz, [D$_6$]DMSO): δ = 9.48 (s, 1H, OH), 8.11 (d, J = 7.6 Hz, 1 H, NH), 7.50-7.12 (m, 10 H, Phenyl CH), 7.24-7.17 (m, 2 H, Phenyl CH), 6.76-6.69 (m, 2 H, Phenyl CH), 5.21 (d, J = 7.6 Hz, 1 H, α-CH), 5.12 (s, 2 H, CH_2), 5.06 (s, 2 H, CH_2); ^{13}C-NMR (126 MHz, [D$_6$]DMSO): δ = 170.7 (COOBn), 157.1 (C-OH), 155.7 (CONH), 136.7 (Phenyl C), 135.6 (Phenyl C), 128.9 (2 Phenyl CH), 128.1 (2 Phenyl CH), 127.7 (2 Phenyl CH), 127.6 (2 Phenyl CH), 127.5 (2 Phenyl CH), 127.3 (2 Phenyl CH), 126.0 (Phenyl C), 115.0 (2 Phenyl CH), 65.9 (Bn CH_2), 65.5 (Cbz CH_2), 57.6 (α-C); ESI-MS: *m/z* (%) = 414.2 (100) $[M+Na]^+$, 390.1 (100) $[M-H]^-$, 781.3 (58) $[2M-H]^-$; HR-ESI-MS: *m/z* berechnet für $C_{23}H_{21}NO_5Na$ $[M+Na]^+$: 414.1312; gefunden 414.1314.

5.4.12 Cbz-L-Hpg(Tf)-OBn (54)

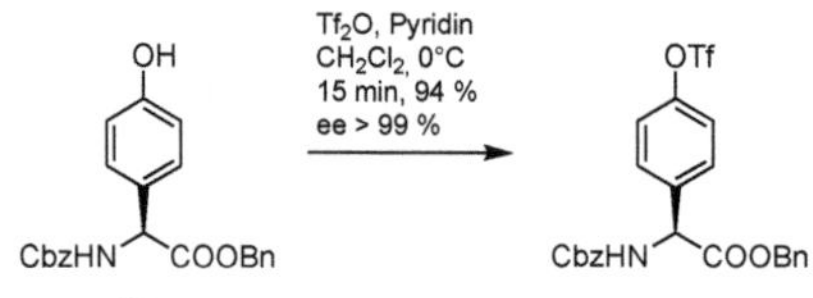

53 **54**

Zu einer Lösung von Cbz-L-Hpg-OBn (**53**) (3.80 g, 9.70 mmol) und Pyridin (2.40 mL, 29.8 mmol) in trockenem CH_2Cl_2 (30 mL) wurde bei 0 °C Trifluoressigsäureanhydrid (2.50 mL, 14.9 mmol) hinzugegeben und bei 0 °C 15 min gerührt. Dann wurde die Reaktionsmischung 20 min bei Raumtemperatur gerührt und mit einer gesättigten $NaHCO_3$-Lösung (50 mL) vereint. Anschließend wurde die Suspension mit CH_2Cl_2 (3 × 50 mL) extrahiert, die organische Phase mit einer gesättigten NaCl-Lösung (3 × 20 mL) gewaschen, über $MgSO_4$ getrocknet und unter vermindertem Druck eingeengt. Pyridin wurde als Azeotrop mit Toluol unter vermindertem Druck codestilliert und der Rückstand mittels Flash-Chromatographie mit EtOAc/Pentane (1:4) gereinigt. Das Produkt **54** (4.80 g, 94%, 9.17 mmol) wurde als weißes Pulver erhalten.

^{1}H-NMR (300 MHz, [D$_6$]DMSO): δ = 7.44-7.06 (m, 14 H, Phenyl CH), 5.95 (d, J = 7.0 Hz, 1 H, NH), 5.42 (d, J = 7.0 Hz, 1 H, α-CH), 5.14-5.03 (m, 4 H, CH_2); ^{13}C-NMR (126 MHz, [D$_6$]DMSO): δ = 169.6 (COOBn), 155.1 (CONH), 149.3 (Phenyl C), 137.2 (Phenyl C), 135.8 (Phenyl C), 134.5 (Phenyl C), 129.0 (2 Phenyl CH), 128.5 (6 Phenyl CH), 128.3 (Phenyl CH), 128.1 (Phenyl CH), 127.9 (2 Phenyl CH), 121.7 (2 Phenyl CH), 118.6 (q, J = 320.6 Hz, CF_3), 67.9 (Bn CH_2), 67.4 (Cbz CH_2), 57.2 (α-C); ESI-MS: m/z (%) = 546.1 (100) $[M+Na]^+$, 1069.2 (38) $[2M+Na]^+$, 522.1 (100) $[M-H]^-$; HR-ESI-MS: m/z berechnet für $C_{24}H_{19}F_3NO_7S$ $[M-H]^-$: 522.0840, gefunden 522.0840.

5.4.13 Bn_2-L-Hpg(Tf)-OBn (56a)

Eine Lösung von Cbz-L-Hpg(Tf)-OBn (**54**) (2.00 g, 3.82 mmol) und $(CH_3)_2S$ (8.40 mL, 113 mmol) in TFA (34 mL) wurde 17 Stunden bei Raumtemperatur gerührt. TFA wurde als Azeotrop mit Toluol unter vermindertem Druck entfernt. Das Zwischenprodukt wurde mit $NaHCO_3$ (1.90 g, 22.6 mmol) in trockenem DMSO (20 mL) vereint, tropfenweiße BnBr (8.10 mL, 68.2 mmol) hinzugetropft und dann 25 Stunden bei Raumtemperatur gerührt. Die Reaktionsmischung wurde mit Wasser (120 mL) vereint und mit EtOAc (3 × 50 mL) extrahiert. Die organische Phase wurde mit Wasser (20 mL) und gesättigter NaCl-Lösung (3 × 20 mL) gewaschen und das überschüssige Benzylbromid unter vermindertem Druck entfernt. Der Rückstand wurde mittels Flash-Chromatographie mit 3% EtOAc in Pentan gereinigt und ergab das Produkt **56a** (1.50 g, 69%, 2.63 mmol) als weißen Feststoff.

^{1}H-NMR (300 MHz, $CDCl_3$): δ = 7.44-7.16 (m, 19 H, Phenyl CH), 5.31 (d, J = 12.1 Hz, 1 H, CH_2), 5.20 (d, J = 12.1 Hz, 1 H, CH_2), 4.62 (s, 1 H, α-CH), 3.76 (d, J = 13.9 Hz, 2 H_a, $N(CH_aH_b\text{-phenyl})_2$), 3.67 (d, J = 13.9 Hz, 2 H_b, $N(CH_aH_b\text{-phenyl})_2$); ^{13}C-NMR (126 MHz, $CDCl_3$): δ = 170.9 (COOBn), 148.8 (Phenyl C), 138.8 (2 Phenyl C), 137.3 (Phenyl C), 135.4 (Phenyl C), 130.5 (2 Phenyl CH), 128.6 (4 Phenyl CH), 128.5 (5 Phenyl CH), 128.3 (4 Phenyl CH), 127.2 (2 Phenyl CH), 121.1 (2 Phenyl CH), 118.6 (q, J = 320.6 Hz, CF_3), 66.5 (CH_2), 64.9 (α-C), 54.3 (2 CH_2); ESI-MS: m/z (%) = 570.2 (100) $[M+H]^+$, 592.1 (46) $[M+Na]^+$, 568.1 (100) $[M-H]^-$; HR-ESI-MS: m/z berechnet für $C_{30}H_{27}F_3NO_5S$ $[M+H]^+$: 570.1557, gefunden 570.1556.

5.4.14 Bn_2-4-pinacolboryl-L-Phg-OBn (60)

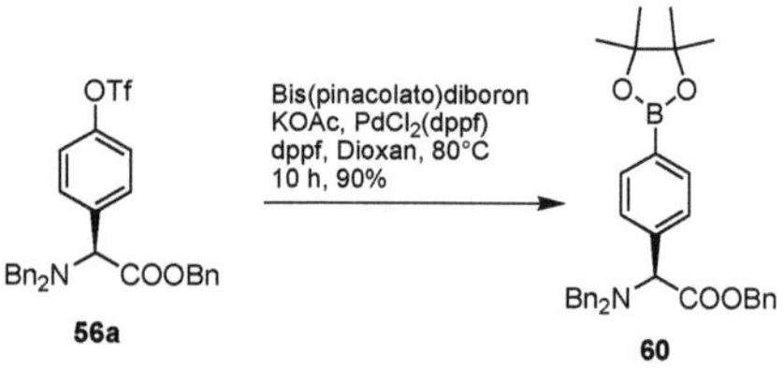

Eine Lösung von Bn_2-L-Hpg(Tf)-OBn (**56a**) (2.00 g, 3.51 mmol), Bis(pinacolato)diboron (1.08 g, 4.25 mmol), KOAc (1.04 g, 10.6 mmol), $PdCl_2$(dppf) (247 mg, 338 μmol) und dppf (196 mg, 354 μmol) in entgastem Dioxan (35 mL) wurde unter einer Argonatmosphäre 10 Stunden bei 80 °C gerührt. Die Reaktionsmischung wurde mit EtOAc (150 mL) vereint und durch Celite filtriert. Das Filtrat wurde mit gesättigter NaCl-Lösung (3 × 20 mL) gewaschen und über $MgSO_4$ getrocknet. Dann wurde das Lösungsmittel unter vermindertem Druck entfernt. Das Rohprodukt wurde mittels Flash-Chromatographie mit einem Gradient von 3→10 % EtOAc in Pentan gereinigt und ergab das Produkt **60** (1.74 g, 90 % 3.18 mmol) als weißes Pulver.

^{1}H-NMR (300 MHz, $CDCl_3$): δ = 7.76 (m_c, 2 H, Phenyl CH), 7.39-7.17 (m, 17 H, Phenyl CH), 5.30 (d, J = 12.2 Hz, 1 H, CH_2), 5.18 (d, J = 12.2 Hz, 1 H, CH_2), 4.66 (s, 1 H, α-CH), 3.73 (s, 4 H, CH_2), 1.34 (s, 12 H, CH_3); ^{13}C-NMR (126 MHz, $CDCl_3$): δ = 171.7 (COOBn), 139.6 (Phenyl C), 139.3 (3 Phenyl C), 135.7 (Phenyl C), 134.6 (2 Phenyl CH), 128.7 (4 Phenyl CH), 128.4 (4 Phenyl CH), 128.2 (5 Phenyl CH), 128.1 (2 Phenyl CH), 126.9 (2 Phenyl CH), 83.8 (2 $C(CH_3)_2$), 66.2 (CH_2), 65.9 (α-C), 54.2 (2 CH_2), 25.0 (2 CH_3), 24.9 (2 CH_3); ESI-MS: m/z (%) = 548.3 (100) $[M+H]^+$, 570.3 (100) $[M+Na]^+$; HR-ESI-MS: m/z berechnet für $C_{35}H_{39}BNO_4$ $[M+H]^+$: 548.2973, gefunden 548.2972.

5.4.15 Bn_2-4-dihydroxyboran-L-Phg-OBn (35)

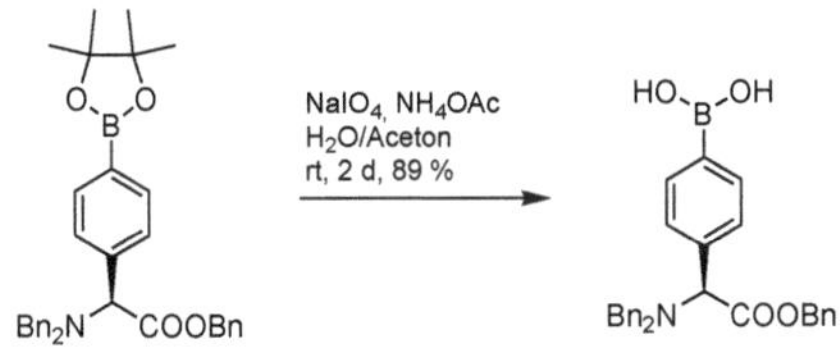

60 → 35

Zu einer Lösung von Bn_2-4-pinacolboryl-L-Phg-OBn (**60**) (5.30 g, 9.69 mmol) in Aceton (430 mL) wurde Wasser (380 mL), NH_4OAc (2.20 g, 28.5 mmol) und $NaIO_4$ (6.20 g, 29.0 mmol) hinzugegeben und zwei Tage bei Raumtemperatur gerührt. Aceton wurde anschließend unter vermindertem Druck entfernt und die verbleibende wässrige Phase mit Et_2O (3 × 100 mL) extrahiert. Die organische Phase wurde mit einer gesättigten NaCl-Lösung (3 × 20 mL) gewaschen, über $MgSO_4$ getrocknet und unter vermindertem Druck eingeengt. Das Produkt **35** (4.00 g, 89 %, 8.60 mmol) wurde als weißes Pulver erhalten.

^{1}H-NMR (300 MHz, $CDCl_3$): δ = 8.19 (s, 1 H, B-OH), 8.17 (s, 1 H, B-OH), 7.51-7.20 (m, 19 H, Phenyl CH), 5.36 (d, J = 12.2 Hz, 1 H, CH_2), 5.23 (d, J = 12.2 Hz, 1 H, CH_2), 4.74 (s, 1 H, α-CH), 3.79 (s, 4 H, CH_2); ^{13}C-NMR (126 MHz, $CDCl_3$): δ = 171.5 (COOBn), 141.3 (Phenyl C), 139.2 (3 Phenyl C), 135.7 (Phenyl C), 135.5 (Phenyl CH), 128.7 (4 Phenyl CH), 128.5 (2 Phenyl CH), 128.4 (4 Phenyl CH), 128.3 (2 Phenyl CH), 128.2 (4 Phenyl CH), 127.0 (2 Phenyl CH), 66.3 (CH_2), 65.9 (α-C), 54.3 (2 CH_2); ESI-MS: m/z (%) = 466.2 (100) $[M+H]^+$; HR-ESI-MS: m/z berechnet für $C_{29}H_{29}BNO_4$ $[M+H]^+$: 466.21896, gefunden 466.21807.

5.4.16 Bn_2-4-(3,3,5,5-tetramethyl-2,6-dioxopiperazin-1-yl)-L-Phg-OBn (59)

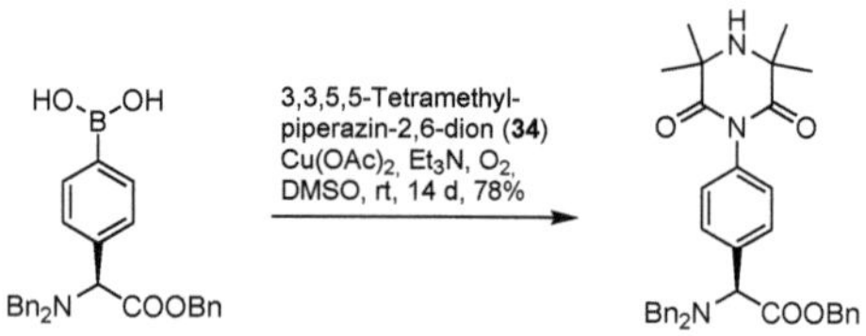

Eine Suspension von Bn_2-4-dihydroxyboran-L-Phg-OBn (**35**) (4.00 g, 8.60 mmol), 3,3,5,5-Tetramethylpiperazin-2,6-dion (**34**) (1.46 g, 8.59 mmol), $Cu(OAc)_2$ (1.56 g, 8.59 mmol), Molekularsieb (4 g, 4 Å, Pulver) und Et_3N (1.66 mL, 12.0 mmol) in trockenem DMSO (180 mL) wurde unter einer Sauerstoffatmosphäre 14 Tage bei Raumtemperatur gerührt. Die Reaktionsmischung wurde durch Celite filtriert, in Wasser (200 mL) aufgenommen und mit EtOAc (3 × 100 mL) extrahiert. Die organische Phase wurde mit gesättigter NaCl-Lösung (3 × 30 mL) gewaschen, über $MgSO_4$ getrocknet und unter vermindertem Druck entfernt. Der Rückstand wurde mittels Flash-Chromatographie mit EtOAc/Pentan (1:2) gereinigt und ergab das Produkt **59** (3.94 g, 78 %, 6.68 mmol).

^{1}H-NMR (300 MHz, $CDCl_3$): δ = 7.51-7.19 (m, 17 H, Phenyl CH), 7.06 (m_c, 2 H, Phenyl CH), 5.36 (d, J = 12.2 Hz, 1 H, CH_2), 5.19 (d, J = 12.2 Hz, 1 H, CH_2), 4.69 (s, 1 H, α-CH), 3.82 (d, J = 14.0 Hz, 2 H_a, N(CH_aH_b-Phenyl)$_2$), 3.72 (d, J = 14.0 Hz, 2 H_b, N(CH_aH_b-Phenyl)$_2$), 1.69 (s, 1 H, NH), 1.53 (s, 12 H, CH_3); ^{13}C-NMR (126 MHz, $CDCl_3$): δ = 176.4 (2 $CONR_2$), 171.3 (COOBn), 139.0 (2 Phenyl C), 136.7 (Phenyl C), 135.6 (Phenyl C), 134.8 (Phenyl C), 129.3 (2 Phenyl CH), 128.7 (4 Phenyl CH), 128.5 (2 Phenyl CH), 128.4 (2 Phenyl CH), 128.3 (1 Phenyl CH), 128.2 (4 Phenyl CH), 128.1 (2 Phenyl CH), 126.9 (2 Phenyl CH), 66.3 (CH_2), 65.4 (α-C), 56.0 (2 $C(CH_3)_2$), 54.2 (2 CH_2), 28.5 (4 CH_3); ESI-MS: m/z (%) = 590.3 (100) $[M+H]^+$, 612.3 (67) $[M+Na]^+$, 1201.6 (26) $[2M+Na]^+$, 588.3 (100) $[M-H]^-$, 634.3 (100) $[M+HCOO^-]^-$, 1223.6 (23) $[2M+HCOO^-]^-$; HR-ESI-MS: m/z berechnet für $C_{37}H_{40}N_3O_4$ $[M+H]^+$: 590.3013, gefunden 590.3013.

5.4.17 Fmoc-4-(3,3,5,5-tetramethyl-2,6-dioxopiperazin-1-yl)-L-Phg-OH (61)

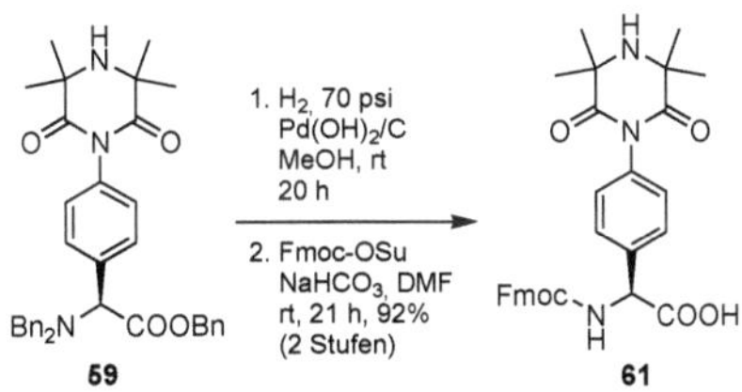

Eine Mischung von Bn_2-4-(3,3,5,5-tetramethyl-2,6-dioxopiperazin-1-yl)-L-Phg-OBn (**59**) (500 mg, 849 μmol) und 20 % $Pd(OH)_2/C$ (50 % H_2O, 100 mg, 71.2 μmol) in MeOH (20 mL) wurde 20 Stunden in einer Parr-Apparatur bei Raumtemperatur unter einer Wasserstoffatmosphäre (70 psi) geschüttlet. Die Suspension wurde mit MeOH (230 mL) vereint, filtriert und unter vermindertem Druck eingeengt. Der Rückstand, Fmoc-OSu (286 mg, 848 μmol) und $NaHCO_3$ (143 mg, 1.70 mmol) in trockenem DMF (5 mL) wurden 21 Stunden bei Raumtemperatur gerührt. Die Lösung wurde anschließend mit Wasser (20 mL) vereint, mit 2 N HCl auf pH 2 angesäuert und mit EtOAc (3 × 50 mL) extrahiert. Die organische Phase wurde mit gesättigten NaCl-Lösung (3 × 15 mL) gewaschen, über $MgSO_4$ getrocknet und unter vermindertem Druck eingeengt. Der Rückstand wurde mittels Flash-Chromatographie mit DCM/MeOH/AcOH (97:2→3:0.1) gereinigt und ergab das Produkt **61** (423 mg, 92 %, 781 μmol) als weißen Feststoff.

^{1}H-NMR (600 MHz, [D$_6$]DMSO): δ = 8.25 (d, J = 8.0 Hz, 1 H, CONH), 7.92-7.08 (m, 12 H, 8 Fmoc CH, 4 Phenyl CH), 5.24 (d, J = 8.0 Hz, 1 H, α-CH), 4.29 (d, J = 7.3 Hz, 2 H, Fmoc CH_2), 4.23 (t, J = 7.3 Hz, 1 H, Fmoc CH), 1.56 (s, 1 H, NH), 1.40 (s, 12 H, CH_3); ^{13}C-NMR (126 MHz, [D$_6$]DMSO): δ = 176.5 (2 $CONR_2$), 171.6 (COOH), 155.8 (CONH), 143.7 (2 Fmoc C), 140.6 (2 Fmoc C), 136.9 (Phenyl C), 135.7 (Phenyl C), 128.5 (2 Phenyl CH), 128.2 (2 Phenyl CH), 127.6 (2 Phenyl CH), 127.0 (2 Phenyl CH), 125.3 (2 Phenyl CH), 120.0 (2 Phenyl CH), 65.9 (Fmoc CH_2), 57.7 (α-C), 55.3 (2 $C(CH_3)_2$), 46.6 (Fmoc CH), 28.0 (4 CH_3); ESI-MS: m/z (%) = 564.2 (100) $[M+Na]^+$, 540.2 (100) $[M-H]^-$; HR-ESI-MS: m/z berechnet für $C_{31}H_{30}N_3O_6$ $[M-H]^-$: 540.2140, gefunden 540.2140.

5.4.18 Fmoc-4-(3,3,5,5-tetramethyl-2,6-dioxo-4-oxylpiperazin-1-yl)-L-Phg-OH (22)

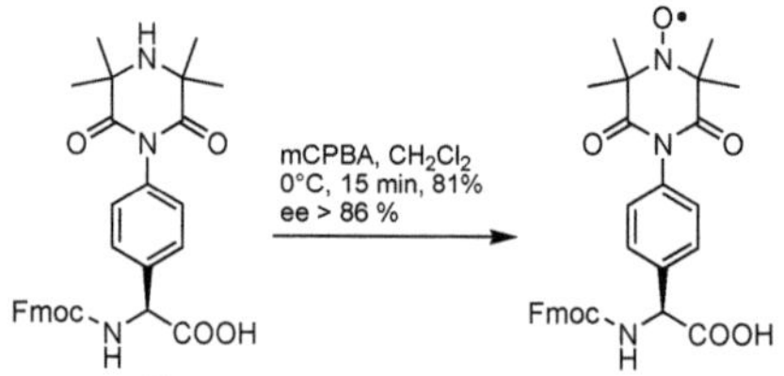

Eine Lösung von Fmoc-4-(3,3,5,5-tetramethyl-2,6-dioxopiperazin-1-yl)-L-Phg-OH (**61**) (361 mg, 667 µmol) in trockenem DCM (90 mL) wurde bei 0 °C mit *m*CPBA (296 mg, 70-75%, 1.24 mmol) vereint und 15 min bei 0 °C gerührt. Anschließend wurde die Reaktionsmischung 5 Stunden bei Raumtemperatur gerührt und das Lösungsmittel unter vermindertem Druck entfernt. Der Rückstand wurde mittels Flash-Chromatographie mit DCM/MeOH/AcOH (97:0.5→1.5:0.1) gereinigt und ergab das Produkt **22** (300 mg, 81 %, 539 µmol) als gelben Feststoff.

ESI-MS: *m/z* (%) = 579.2 (100) $[M+Na]^+$, 555.2 (100) $[M-H]^-$; HR-ESI-MS: *m/z* berechnet für $C_{31}H_{29}N_3O_7$ $[M-H]^-$: 555.2011, gefunden 555.2013.

berechnet

gefunden

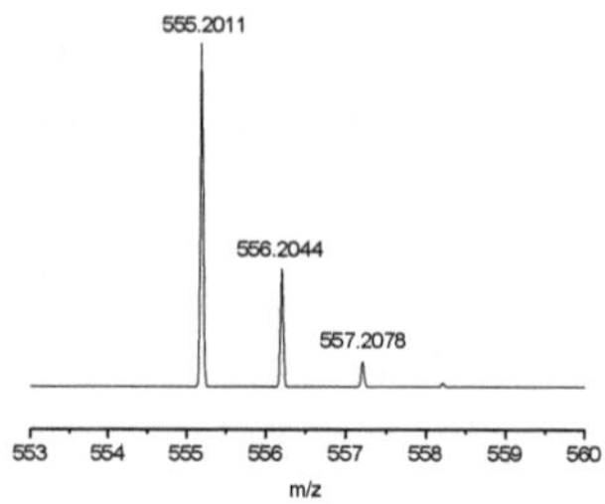

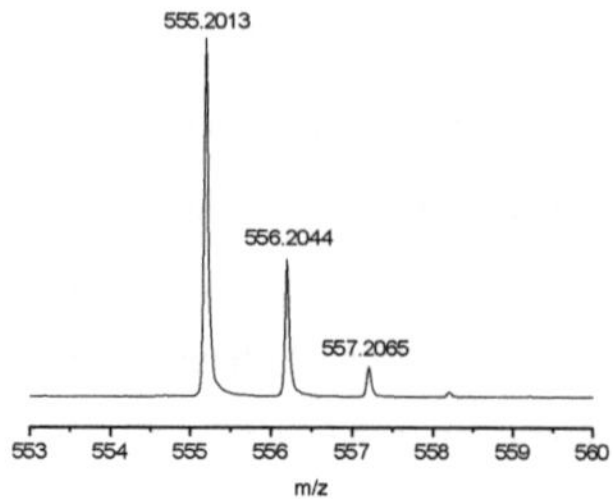

5.4.19 Cbz-4-pinacolboryl-L-Phg-OBn (55)

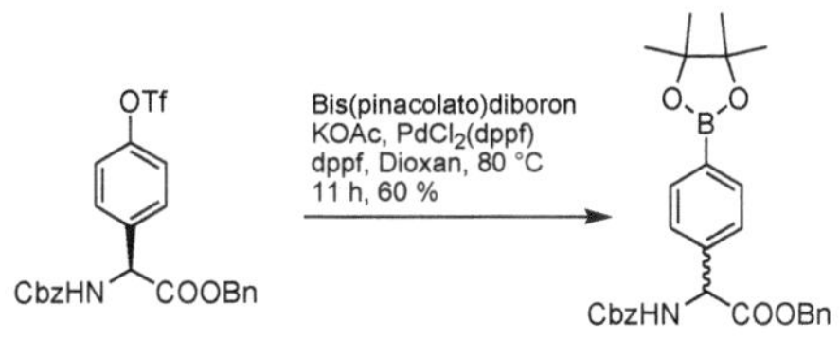

54 55

Eine Lösung von Cbz-L-Hpg(Tf)-OBn (**54**) (1.84 g, 3.51 mmol), Bis(pinacolato)diboron (1.08 g, 4.25 mmol), KOAc (1.04 g, 10.6 mmol), $PdCl_2$(dppf) (247 mg, 338 µmol) und dppf (196 mg, 354 µmol) in entgastem Dioxan (35 mL) wurde unter einer Argonatmosphäre 11 Stunden bei 80 °C gerührt. Die Reaktionsmischung wurde mit EtOAc (100 mL) vereint und durch Celite filtriert. Das Filtrat wurde mit gesättigter NaCl-Lösung (3 × 10 mL) gewaschen und über $MgSO_4$ getrocknet. Dann wurde das Lösungsmittel unter vermindertem Druck entfernt. Das Rohprodukt wurde mittels Flash-Chromatographie mit einem Gradient von 3→10 % EtOAc in Pentan gereinigt und ergab das Produkt **55** (1.05 g, 60 %, 2.09 mmol) als weißes Pulver.

^{1}H-NMR (300 MHz, [D$_6$]DMSO): δ= 7.77 (m$_c$, 2 H, Phenyl CH), 7.41-7.00 (m, 12 H, Phenyl CH), 5.86 (m$_c$, 1 H, CONH), 5.43 (s, 1 H, α-CH), 5.22-4.99 (m, 4 H, CH_2), 1.33 (s, 12 H, CH_3); ^{13}C-NMR (126 MHz, [D$_6$]DMSO): δ = 170.3 (COOBn), 155.1 (CONH), 139.3 (2 Phenyl C), 136.0 (Phenyl C), 135.3 (2 Phenyl CH), 134.9 (Phenyl C), 128.4 (5 Phenyl CH), 128.3 (Phenyl CH), 128.1 (2 Phenyl CH), 127.9 (2 Phenyl CH), 126.4 (2 Phenyl CH), 83.9 (2 $C(CH_3)_2$), 67.5 (CH_2), 67.1 (CH_2), 58.1 (α-C), 24.9 (4 CH_3); ESI-MS: *m/z* (%) = 524.2 (100) $[M+Na]^+$, 500.2 (100) $[M-H]^-$; HR-ESI-MS: *m/z* berechnet für $C_{29}H_{32}BNO_6Na$ $[M+Na]^+$: 524.2220, gefunden 524.2220.

5.4.20 L-Phenylglycin (58)

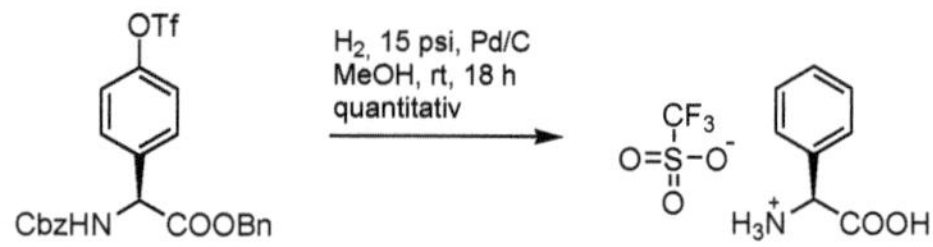

54 **58**

Eine Mischung von Cbz-L-Hpg(Tf)-OBn (**54**) (500 mg, 955 µmol) und Pd/C (10 %, 125 mg) in MeOH (15 mL) wurde 18 Stunden bei Raumtemperatur unter einer Wasserstoffatmosphäre (15 psi) geschüttelt. Die Suspension wurde mit MeOH (230 mL) vereint, filtriert und das Filtrat unter vermindertem Druck eingeengt. Das Produkt **58** wurde quantitativ erhalten.

^{1}H-NMR (300 MHz, [D$_6$]DMSO): δ = 8.70 (s, 3H, NH_3^+), 7.54-7.39 (m, 5 H, Phenyl CH), 5.11 (s, 1 H, α-CH); ^{13}C-NMR (126 MHz, [D$_6$]DMSO): δ = 169.6 (COOH), 133.0 (Phenyl C), 129.2 (Phenyl CH), 128.8 (2 Phenyl CH), 127.9 (2 Phenyl CH), 120.5 (q, J = 322.8 Hz, CF_3), 55.6 (α-C).

5.4.21 Bn_2-L-Hpg-OBn (57)

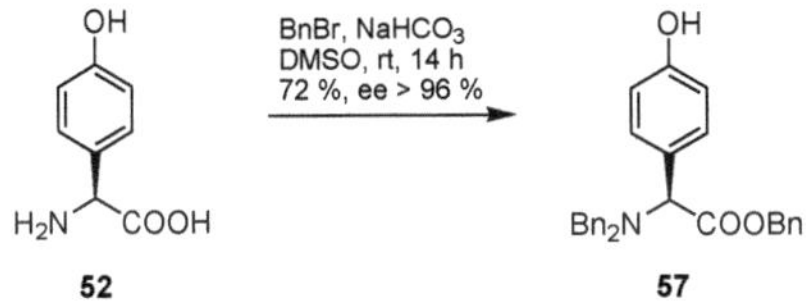

Zu einer Suspension von H_2N-L-Hpg-OH (**52**) (5.00 g, 29.9 mmol) und $NaHCO_3$ (7.5 g, 89.3 mmol) in trockenem DMSO (80 mL) wurde tropfenweise BnBr (32.0 mL, 269 mmol) hinzugegeben und 14 Stunden unter Lichtausschluss bei Raumtemperatur gerührt. Die Reaktionsmischung wurde mit Wasser (120 mL) vereint und mit EtOAc (3 × 50 mL) extrahiert. Die organische Phase wurde mit Wasser (30 mL) und mit gesättigter NaCl-Lösung (3 × 20 mL) gewaschen, über $MgSO_4$ getrocknet und unter vermindertem Druck eingeengt. Der Rückstand wurde mittels Flash-Chromatographie mit EtOAc/Pentan (1:9) gereinigt und das Produkt **57** (9.40 g, 72 %, 21.5 mmol) als weißer Feststoff erhalten.

^{1}H-NMR (300 MHz, [D$_6$]DMSO): δ = 7.43 (m, 17 H, Phenyl CH), 6.75 (m$_c$, 2 H, Phenyl CH), 5.30 (d, J = 12.2 Hz, 1 H, CH_2), 5.16 (d, J = 12.2 Hz, 1 H, CH_2), 4.70 (s, 1 H, OH), 4.59 (s, 1 H, α-CH), 3.77 (d, J = 14.0 Hz, 2 H_a, N(CH_aH_b-Phenyl)$_2$), 3.69 (d, J = 14.0 Hz, 2 H_b, N(CH_aH_b-Phenyl)$_2$); ^{13}C-NMR (126 MHz, [D$_6$]DMSO): δ = 172.2 (COOBn), 155 .2 (C-OH) 139.3 (3 Phenyl C), 135.7 (Phenyl C), 130.1 (2 Phenyl CH), 128.7 (4 Phenyl CH), 128.4 (2 Phenyl CH), 128.3 (2 Phenyl CH), 128.2 (Phenyl CH), 128.1 (4 Phenyl CH), 126.9 (2 Phenyl CH), 115.15 (2 Phenyl CH), 66.2 (CH_2), 65.3 (α-C), 54.1 (2 CH_2); ESI-MS: m/z (%) = 438.2 (100) $[M+H]^+$, 460.2 (79) $[M+Na]^+$, 897.4 (19) $[2M+Na]^+$, 436.2 (100) $[M-H]^-$, 873.4 (26) $[2M-H]^-$; HR-ESI-MS: m/z berechnet für $C_{29}H_{26}NO_3$ $[M-H]^-$: 436.1918, gefunden 436.1920.

5.4.22 Bn_2-L-Hpg(Tf)-OBn (56b)

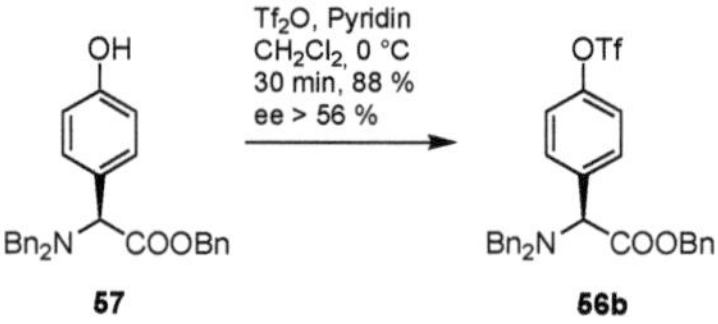

Zu einer Lösung von Bn_2-L-Hpg-OBn (**57**) (9.40 g, 21.5 mmol) und Pyridin (5.20 mL, 64.4 mmol) in trockenem CH_2Cl_2 (100 mL) wurde bei 0 °C Trifluoressigsäureanhydrid (5.40 mL, 38.3 mmol) hinzugegeben und bei 0 °C 30 min gerührt. Dann wurde die Reaktionsmischung 20 min bei Raumtemperatur gerührt und mit einer gesättigten $NaHCO_3$-Lösung (50 mL) vereint. Anschließend wurde die Suspension mit CH_2Cl_2 (3 × 50 mL) extrahiert, die organische Phase mit einer gesättigten NaCl-Lösung (3 × 10 mL) gewaschen, über $MgSO_4$ getrocknet und unter vermindertem Druck eingeengt. Pyridin wurde als Azeotrop mit Toluol unter vermindertem Druck codestilliert und der Rückstand mittels Flash-Chromatographie mit EtOAc/Pentane (1:30) gereinigt. Das Produkt **56b** (10.8 g, 88 %, 19.0 mmol) wurde als weißes Pulver erhalten.

^{1}H-NMR (300 MHz, $CDCl_3$): δ= 7.44-7.16 (m, 19 H, Phenyl CH), 5.33 (d, J = 12.1 Hz, 1 H, CH_2), 5.21 (d, J = 12.1 Hz, 1 H, CH_2), 4.64 (s, 1 H, α-CH), 3.77 (d, J = 13.9 Hz, 2 H_a, $N(CH_aH_b\text{-Phenyl})_2$), 3.68 (d, J = 13.9 Hz, 2 H_b, $N(CH_aH_b\text{-Phenyl})_2$); ^{13}C-NMR (126 MHz, $CDCl_3$): δ= 170.9 (COOBn), 148.8 (Phenyl C), 138.8 (2 Phenyl C), 137.3 (Phenyl C), 135.4 (Phenyl C), 130.5 (2 Phenyl CH), 128.6 (4 Phenyl CH), 128.5 (5 Phenyl CH), 128.3 (4 Phenyl CH), 127.2 (2 Phenyl CH), 121.1 (2 Phenyl CH), 118.6 (q, J = 320.6 Hz, CF_3), 66.5 (CH_2), 64.9 (α-C), 54.3 (2 CH_2); ESI-MS: m/z (%) = 570.2 (40) $[M+H]^+$, 592.2 (100) $[M+Na]^+$, 1161.3 (37) $[2M+Na]^+$, 568.2 (100) $[M-H]^-$; HR-ESI-MS: m/z berechnet für $C_{30}H_{27}F_3NO_5S$ $[M+H]^+$: 570.1557, gefunden 570.1557.

5.5 *Synthese der Alanyl-Nucleoaminosäuren*

5.5.1 Boc-L-AlaC(Z)-OH[83]

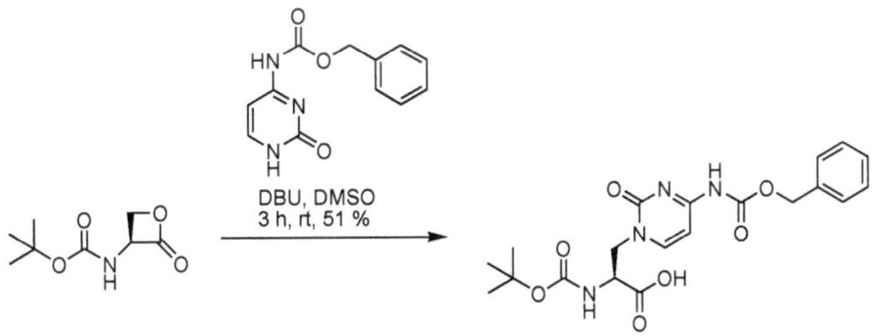

*N*4-Benzyloxycarbonylcytosin (7.86 g, 32.0 mmol) wurde unter einer Argonatmosphäre in trockenem DMSO (25 mL) suspendiert und innerhalb von 15 min DBU (3.58 mL, 24.0 mmol) hinzugegeben. Dann wurde innerhalb von 15 min Boc-L-Serinlacton (3.0 g, 16.0 mmol) in trockenem DMSO (20 mL) hinzugegeben und die Reaktionsmischung 3 Stunden gerührt. Anschließend wurde Eisessig (1.37 mL, 24.0 mmol) hinzugegeben und das Lösungsmittel als Azeotrop mit DMF unter vermindertem Druck entfernt. Das Rohprodukt wurde mittels Flash-Chromatographie mit einem Gradient von 0→7.5 % Wasser in Aceton/Methanol (9:1) gereinigt und ergab die Titelverbindung (3.53 g, 51 %, 8.16 mmol).

^{1}H-NMR (300 MHz, [D$_6$]DMSO): δ = 7.85 (d, *J* = 7.3 Hz, 1 H, H-6), 7.43-7.30 (m, 5 H, Ar-Z CH), 6.93 (d, *J* = 7.3 Hz, 1 H, H-5), 6.86 (d, *J* = 8.1 Hz, 1 H, Boc-CONH), 5.18 (s, 2 H, Z CH$_2$), 4.44-4.24 (m, 2 H, *β*-H, *α*-H), 3.68-3.54 (m, 1 H, *β*-H), 1.29 (s, 9 H, CH$_3$); ^{13}C-NMR (126 MHz, [D$_6$]DMSO): δ = 171.3 (COOH), 162.8 (C-4), 155.2 (Boc-CONH), 154.9 (C-2), 153.2 (Z-CONH), 150.2 (C-6), 135.9 (Ar-Z C), 128.4 (2 Ar-Z CH), 128.1 (Ar-Z CH), 127.8 (2 Ar-Z CH), 93.6 (C-5), 78.2 (*C*(CH$_3$)$_3$), 66.3 (Z CH$_2$), 51.9 (*α*-C), 51.0 (*β*-C), 28.0 (3 CH$_3$); ESI-MS: *m/z* (%) = 455.1 (100) [M+Na]$^+$, 477.1 (72) [M-H+2Na]$^+$, 431.1 (100) [M-H]$^-$.

5.5.2 Fmoc-L-AlaC(Z)-OH

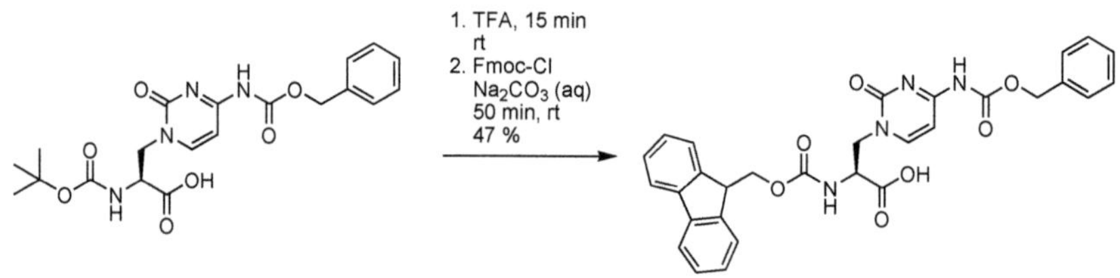

Boc-L-AlaC(Z)-OH (170 mg, 393 mmol) wurde in TFA (3 mL) gelöst und 15 min gerührt. Dann wurde TFA als Azeotrop mit Toluol unter vermindertem Druck entfernt. Der Feststoff wurde in aq. Na_2CO_3-Lösung (9 %, 1 mL, 840 µmol) suspendiert und bei 0 °C Fmoc-OSu (118 mg, 350 µmol) in 1,4-Dioxan (800 µL) hinzugegeben. Die Reaktionsmischung wurde 30 min im Ultraschallbad und 20 min mit einem Vortex-Schüttler behandelt. Das Lösungsmittel wurde unter vermindertem Druck entfernt und das Rohprodukt mittels Flash-Chromatographie mit einem Gradient von 0→7.5 % Wasser in Aceton/Methanol (9:1) gereinigt und ergab die Titelverbindung (101.4 mg, 46 %, 183 µmol).

^{1}H-NMR (300 MHz, [D$_6$]DMSO): δ = 7.93-7.76 (m, 3 H, H-6, Ar-Fmoc CH), 7.68-7.56 (m, 2 H, Ar-Fmoc CH), 7.45-7.23 (m, 10 H, Ar-Fmoc CH, Fmoc-CONH, Ar-Z CH), 6.95-6.85 (m, 1 H, H-5), 5.22-5.09 (m, 2 H, Z CH_2), 4.53-4.41 (m, 1 H, *β*-H), 4.40-4.28 (m, 1 H, *α*-H), 4.27-4.10 (m, 3 H, Fmoc CH_2, Fmoc CH), 3.76-3.61 (m, 1 H, *β*-H); ^{13}C-NMR (126 MHz): δ = 171.1 (COOH), 162.9 (C-4), 155.9 (Fmoc-CONH), 154.8 (C-2), 153.1 (Z-CONH), 150.3 (C-6), 143.7 (2 Ar-Fmoc C), 140.6 (2 Ar-Fmoc C), 135.9 (Ar-Z C), 128.4 (2 Ar-Z CH), 128.1 (Ar-Z CH), 127.8 (2 Ar-Z CH), 127.5 (2 Ar-Fmoc CH), 126.9 (2 Ar-Fmoc CH), 125.0 (2 Ar-Fmoc CH), 120.0 (2 Ar-Fmoc CH), 93.7 (C-5), 66.4 (Z CH_2), 65.6 (Fmoc CH_2), 51.6 (*α*-C), 50.1 (*β*-C), 46.5 (Fmoc CH); ESI-MS: *m/z* (%) = 553.0 (100) [M-H]$^-$, 1107.0 (31) [2M-H]$^-$.

5.5.3 *N-tert*-Butoxycarbonyl-*β*-(2-amino-6-chlorpurin-9-yl)-L-alanin[83]

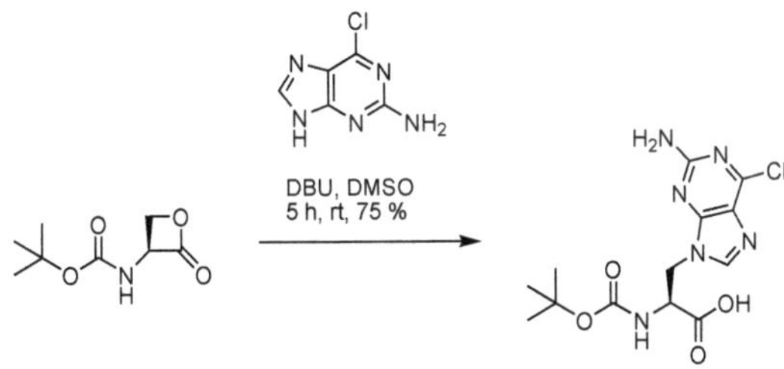

2-Amino-6-chlorpurin (1.48 g, 8.75 mmol) wurde unter einer Argonatmosphäre in trockenem DMSO (5 mL) suspendiert und innerhalb von 15 min DBU (1.10 mL, 7.40 mmol) hinzugegeben. Dann wurde innerhalb von 15 min eine Lösung von Boc-L-Serinlacton (1.20 g, 6.73 mmol) in trockenem DMSO (5 mL) hinzugegeben und 5 Stunden gerührt. Anschließend wurde Eisessig (467 µL, 4.40 mmol) hinzugegeben und das Lösungsmittel als Azeotrop mit DMF unter vermindertem Druck entfernt. Das Rohprodukt wurde mittels Flash-Chromatographie mit einem Gradiant von 0→8 % Eisessig in Essigsäureester/Methanol (8:2) gereinigt und ergab die Titelverbindung (1.79 g, 74 %, 8.16 mmol).

^{1}H-NMR (300 MHz, [D$_6$]DMSO): δ = 7.93 (s, 1 H, H-8), 7.12 (d, *J* = 8.4 Hz, 1 H, CONH), 6.89 (s, 2 H, NH$_2$), 4.52-4.41 (m, H, CH$_2$), 4.41-4.30 (m, 1 H, *α*-H), 4.26-4.11 (m, 1 H, CH$_2$), 1.28 (s, 7.6 H, CH$_3$), 1.10 (s, 1.4 H, CH$_3$); ^{13}C-NMR (126 MHz): δ = 171.4 (COOH), 159.7 (C-2), 155.0 (CONH), 154.2 (C-6), 149.1 (C-4), 143.4 (C-8), 123.2 (C-5), 78.2 (*C*(CH$_3$)$_3$), 53.3 (*α*-C), 44.2 (CH$_2$), 27.9 (3 CH$_3$); ESI-MS: *m/z* (%) = 379 (63) [M+Na]$^+$, 401.0 (100) [M-H+2Na]$^+$, 355.0 (100) [M-H]$^-$.

5.5.4 Fmoc-L-AlaG-OH

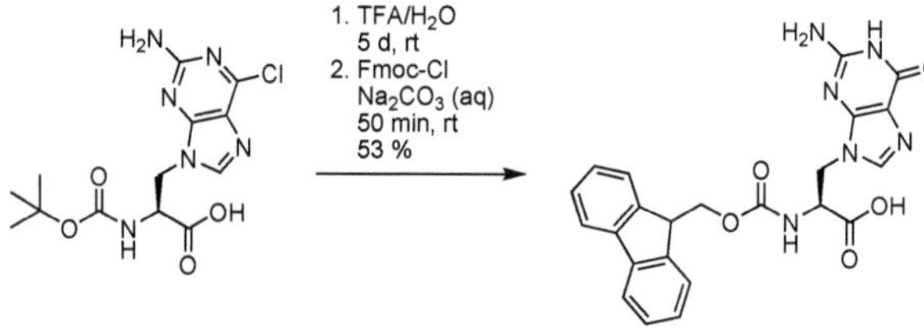

Eine Lösung von *N-tert*-Butoxycarbonyl-*β*-(2-amino-6-chlorpurin-9-yl)-L-alanin (140 mg, 392 μmol) in TFA/Wasser (3 mL, 3:1) wurde 5 Tage bei Raumtemperatur gerührt und anschließend das Lösungsmittel als Azeotrop mit Toluol unter vermindertem Druck entfernt. Der Feststoff wurde in aq. Na_2CO_3-Lösung (9 %, 1 mL, 840 μmol) suspendiert und bei 0 °C Fmoc-OSu (118 mg, 350 μmol) in 1,4-Dioxan (800 μL) hinzugegeben. Die Reaktionsmischung wurde 30 min im Ultraschallbad und 20 min mit einem Vortex-Schüttler behandelt. Das Lösungsmittel wurde unter vermindertem Druck entfernt und das Rohprodukt mittels Flash-Chromatographie mit einem Gradient von 0→8 % Wasser in Aceton/Methanol (9:1) gereinigt und ergab die Titelverbindung (95.8 mg, 53 %, 208 μmol).

^{1}H-NMR (300 MHz, [D$_6$]DMSO): δ = 7.91-7.81 (m, 2 H, Ar-Fmoc CH), 7.68-7.57 (m, 2 H, Ar-Fmoc CH), 7.55 (s, 1 H, H-8), 7.44-7.24 (m, 4 H, Ar-Fmoc CH), 6.88-6.72 (s, 3 H, Fmoc-NH, NH_2), 4.54-4.42 (m, 1 H, *β*-H), 4.24-3.86 (m, 5 H, *α*-H, *β*-H, Fmoc-CH, Fmoc-CH_2); ^{13}C-NMR (126 MHz): δ = 171.5 (COOH), 157.1 (C-6), 155.6 (Fmoc-CONH), 153.7 (C-2), 151.5 (C-4), 143.8 (2 Ar-Fmoc C), 140.5 (2 Ar-Fmoc C), 137.6 (C-8), 127.46 (2 Ar-Fmoc CH), 127.04 (2 Ar-Fmoc CH), 125.13 (2 Ar-Fmoc CH), 119.92 (2 Ar-Fmoc CH), 116.19 (C-5), 65.52 (Fmoc-CH_2), 55.81 (*α*-C), 46.56 (Fmoc-CH), 44.85 (CH_2); ESI-MS: *m/z* (%) = 461.1 (100) $[M+H]^+$, 459.1 (100) $[M-H]^-$, 919.2 (78) $[2M-H]^-$, 941.3 (66) $[2M-2H+Na]^-$

5.6 Synthese der Peptide P1, P2 und P3

Die Peptide **P1**, **P2** und **P3** wurden an einem Rink Amid-MBHA-Harz (0.05 mmol, 0.29 mmol/g) mittels Fmoc-Festphasensynthese hergestellt. Das Peptid **P3** wurde nach der Vorschrift 5.3.7 automatisiert mikrowellenunterstützt synthetisiert. Dabei wurden die erste Aminosäure mittels einer Dreifachkupplung und alle folgenden Aminosäuren mittels Doppelkupplungen eingeführt. Die Peptide **P1** und **P2** wurden nach der Vorschrift 5.3.6 manuell mikrowellenunterstützt synthetisiert. Die Aminosäure Fmoc-TOPP-OH wurde in einer Doppelkupplung nach der Vorschrift 5.3.8 eingeführt. Das getrocknete Harz der Peptide wurde in einer Spritze mit 2 mL einer Lösung aus TFA/H_2O/TIS (18/1/1, v/v/v) versetzt und 90 min maschinell geschüttelt. Dann wurde die Lösung in einem Kolben aufgefangen und die Abspaltreagenzien unter einem Stickstoffstrom verblasen. Anschließend wurde der Rückstand in kaltem Diethylether aufgenommen, die Suspension zentrifugiert und der Überstand verworfen. Der Vorgang wurde zweimal wiederholt und der Niederschlag anschließend unter vermindertem Druck getrocknet. Die Rohpeptide **P1** und **P2** wurden vor der Reinigung mittels HPLC in MeOH/H_2O (9:1) gelöst, mit $Cu(OAc)_2$ im Überschuss versetzt und 30 min bei Raumtemperatur belassen.

(**P1**) Ac-AAAAK-TOPP-AKAAAAAKAAKAKAAAA-NH_2 ($C_{99}H_{168}N_{31}O_{27}$, 2224.6)
RP-HPLC: *Phenomenex* Jupiter (C18, 300 Å, 5 µm, 250 × 10 mm); Gradient: 25 → 50 % B in 30 min; t_R = 20.5 min; HR-ESI-MS: *m/z* berechnet für $C_{99}H_{171}N_{31}O_{27}$ $[M+3H]^{3+}$: 742.0981, gefunden 742.0985.

(**P2**) Ac-AAAAK-TOPP-AKAAAAAKAAKA-TOPP-KAAAA-NH_2 ($C_{115}H_{186}N_{34}O_{31}$, 2540.9)
RP-HPLC: *Phenomenex* Jupiter (C18, 300 Å, 5 µm, 250 × 10 mm); Gradient: 25 → 50 % B in 30 min; t_R = 14.9 min; HR-ESI-MS: *m/z* berechnet für $C_{115}H_{189}N_{34}O_{31}$ $[M+3H]^{3+}$: 847.4747, gefunden 847.4749.

(**P3**) Ac-AAAAKYAKAAAAAKAAKAYKAAAA-NH$_2$ ($C_{101}H_{168}N_{30}O_{27}$, 2234.6)

RP-HPLC: *Phenomenex* Jupiter (C18, 300 Å, 5 µm, 250 × 10 mm); Gradient: 5 → 40 % B in 30 min; t_R = 25.3 min; HR-ESI-MS: *m/z* berechnet für $C_{101}H_{171}N_{30}O_{27}$ $[M+3H]^{3+}$: 745.4304, gefunden 745.4308.

5.7 Synthese der D,L-alternierend konfigurierten Peptide

(**P5**) NBD-*β*-Ala-$\underline{F}$Y$\underline{F}$Y$\underline{F}$-AlaC-$\underline{F}$Y$\underline{F}$Y$\underline{W}$W-OH[7] ($C_{119}H_{117}N_{21}O_{22}$, 2193.3)

Das Peptid H-$\underline{F}$Y$\underline{F}$Y$\underline{W}$W-Harz (**P14**) wurde nach der Vorschrift 5.3.5 automatisiert an das Fmoc-L-Trp(Boc)-NovaSyn® TGA-Harz (400 mg, 100 µmol, 250 µmol/g) aufgebaut. Die verwendeten Aminosäuren waren Fmoc-D-Trp(Boc)-OH (420 mg, 800 µmol, 8.0 eq.), Fmoc-L-Tyr(*t*Bu)-OH (368 mg, 800 µmol, 8.0 eq.) und Fmoc-D-Phe-OH (310 mg, 800 µmol, 8.0 eq.). Die Synthese ergab das harzgebundene Peptid **P14** (495 mg, 100 µmol).
Fmoc-L-AlaC(Z)-OH (139 mg, 250 µmol, 5 eq.) wurde nach der Vorschrift 5.3.4 manuell an das harzgebundene Peptid **P14** (248 mg, 50.0 µmol) gekuppelt und die fehlenden Aminosäuren des Peptides H-*β*-Ala-$\underline{F}$Y$\underline{F}$Y$\underline{F}$-AlaC-$\underline{F}$Y$\underline{F}$Y$\underline{W}$W-Harz (**P15**) nach der Vorschrift 5.3.5 automatisiert aufgebaut. Dabei wurden die Aminosäuren Fmoc-L-Tyr(*t*Bu)-OH (184 mg, 400 µmol, 8.0 eq.) und Fmoc-D-Phe-OH (155 mg, 400 µmol, 8.0 eq.) verwendet. Die Synthese ergab das harzgebundene Peptid **P15** (297 mg, 50 µmol).
Danach wurde das harzgebundene Peptid **P15** (35 mg, 5.9 µmol) und NBD-F (3.1 mg, 17 µmol, 2.9 eq.) mit einer Lösung aus DIEA (20 µL, 120 µmol, 20 eq.) in NMP (80 µL) vereint und über Nacht gerührt. Anschließend wurde das Harz mit DMF (5 × 2 mL), mit DCM/DMF (1:1, 5 × 2 mL), mit DCM (5 × 2 mL), mit Eisessig (3 × 2 mL), sowie mit Methanol (10 × 2 mL) gewaschen und im Vakuum über KOH 12 Stunden getrocknet. Die Abspaltung des Peptides **P5** vom Harz und die gleichzeitige Abspaltung der Schutzgruppen erfolgte mit TFA/Thioanisol/*m*-Kresol (1.6 mL, 63:20:17, v/v/v) über Nacht.
RP-HPLC: *YMC* J´sphere ODS-AM (C18, 120 Å, 5 µm, 250 × 4.6 mm); Gradient: 55 → 61 % B in 30 min bei 60 °C; Wellenlänge: 464 nm; t_R= 24.8 min; HR-ESI-MS: *m/z* berechnet für $C_{119}H_{119}N_{21}O_{22}$ $[M+2H]^{2+}$: 1096.9414, gefunden 1096.9414.

(**P6**) 5(6)-TAMRA-*β*-Ala-$\underline{F}$Y$\underline{F}$Y$\underline{F}$-AlaG-$\underline{F}$Y$\underline{F}$Y$\underline{W}$W-OH ($C_{139}H_{136}N_{22}O_{23}$, 2482.7)

Das Peptid H-$\underline{F}$Y$\underline{F}$Y$\underline{W}$W-Harz (**P14**) wurde nach der Vorschrift 5.3.5 automatisiert an das Fmoc-L-Trp(Boc)-NovaSyn® TGA-Harz (400 mg, 100 µmol, 250 µmol/g) aufgebaut. Die verwendeten Aminosäuren waren Fmoc-D-Trp(Boc)-OH (420 mg, 800 µmol, 8.0 eq.), Fmoc-

[7] D-Aminosäuren sind unterstrichen

L-Tyr(*t*Bu)-OH (368 mg, 800 µmol, 8.0 eq.) und Fmoc-D-Phe-OH (310 mg, 800 µmol, 8.0 eq.). Die Synthese ergab das harzgebundene Peptid **P14** (495 mg, 100 µmol).

Fmoc-L-AlaG-OH (115 mg, 250 µmol, 5 eq.) wurde nach der Vorschrift 5.3.4 manuell mittels einer Doppelkupplung an das harzgebundene Peptid **P14** (248 mg, 50.0 µmol) gekuppelt, jedoch ohne die abschließende *N*-terminale Acetylierung (Capping) durchzuführen. Die fehlenden Aminosäuren des Peptides H-*β*-Ala-FYFYF-AlaG-FYFYWW-Harz (**P16**) wurden nach der Vorschrift 5.3.5 automatisiert ohne Capping aufgebaut. Dabei wurden die Aminosäuren Fmoc-L-Tyr(*t*Bu)-OH (184 mg, 400 µmol, 8.0 eq.) und Fmoc-D-Phe-OH (155 mg, 400 µmol, 8.0 eq.) verwendet. Die Synthese ergab das harzgebundene Peptid **P16** (299 mg, 50 µmol).

Danach wurde das harzgebundene Peptid **P16** (19 mg, 3.2 µmol), 5(6)-TAMRA (11.2 mg, 26.0 µmol, 8.2 eq.) und PyBOP® (12.6 mg, 24.2 µmol, 7.7 eq.) mit einer Lösung aus DIEA (8.8 µL, 51.9 µmol, 16 eq.) in 50 µL NMP vereint und über Nacht gerührt. Anschließend wurde das Harz mit DMF (5 × 2 mL), mit DCM/DMF (1:1, 5 × 2 mL), mit DCM (5 × 2 mL), mit Eisessig (3 × 2 mL), sowie mit Methanol (10 × 2 mL) gewaschen und im Vakuum über KOH 12 Stunden getrocknet. Die Abspaltung des Peptides **P6** vom Harz und die gleichzeitige Abspaltung der Schutzgruppen erfolgte mit TFA/Thioanisol/Phenol/H_2O/EDT/TIS (0.7 mL, 81.5:5:5:5:2.5:1, v/v/v/v/v/v) innerhalb von 2 Stunden.

RP-HPLC: *YMC* J´sphere ODS-AM (C18, 120 Å, 5 µm, 250 × 4.6 mm); Gradient: 52 → 57 % B in 30 min bei 50 °C; Wellenlänge: 540 nm; t_R= 24.2 und 27.8 min (zwei Regioisomere); HR-ESI-MS: *m/z* berechnet für $C_{139}H_{138}N_{22}O_{23}$ $[M+2H]^{2+}$: 1241.5147, gefunden 1241.5146.

(**P7**) Acetyl-*β*-Ala-FYFYF-AlaG-FYFYWW-OH ($C_{116}H_{118}N_{20}O_{20}$, 2112.3)

Das Peptid H-FYFYWW-Harz (**P14**) wurde nach der Vorschrift 5.3.5 automatisiert an das Fmoc-L-Trp(Boc)-NovaSyn® TGA-Harz (400 mg, 100 µmol, 250 µmol/g) aufgebaut. Die verwendeten Aminosäuren waren Fmoc-D-Trp(Boc)-OH (420 mg, 800 µmol, 8.0 eq.), Fmoc-L-Tyr(*t*Bu)-OH (368 mg, 800 µmol, 8.0 eq.) und Fmoc-D-Phe-OH (310 mg, 800 µmol, 8.0 eq.). Die Synthese ergab das harzgebundene Peptid **14** (495 mg, 100 µmol).

Fmoc-L-AlaG-OH (115 mg, 250 µmol, 5 eq.) wurde nach der Vorschrift 5.3.4 manuell mittels einer Doppelkupplung an das harzgebundene Peptid **14** (248 mg, 50.0 µmol) gekuppelt, jedoch ohne die abschließende *N*-terminale Acetylierung (Capping) durchzuführen. Die fehlenden Aminosäuren des Peptides H-*β*-Ala-FYFYF-AlaG-FYFYWW-Harz (**P16**) wurden nach der Vorschrift 5.3.3 automatisiert ohne Capping aufgebaut. Dabei wurde Fmoc-L-Tyr(*t*Bu)-OH (184 mg, 400 μmol, 8.0 eq.) und Fmoc-D-Phe-OH (155 mg, 400 μmol, 8.0 eq.) verwendet. Die Synthese ergab 299 mg (50 μmol) des harzgebundenen Peptides **P16**.

Danach wurde das harzgebundene Peptid **P16** (11 mg, 1.8 μmol) nach der Vorschrift 5.3.2 acetyliert und mit DMF (5 × 2 mL), mit DCM/DMF (1:1, 5 × 2 mL), mit DCM (5 × 2 mL), mit Eisessig (3 × 2 mL), sowie mit Methanol (10 × 2 mL) gewaschen und im Vakuum über KOH 12 Stunden getrocknet. Die Abspaltung des Peptides **P7** vom Harz und die gleichzeitige Abspaltung der Schutzgruppen erfolgte mit TFA/Thioanisol/Phenol/H_2O/EDT/TIS (0.68 mL, 81.5:5:5:5:2.5:1, v/v/v/v/v/v) innerhalb von 2 Stunden.

RP-HPLC: *YMC* J´sphere ODS-AM (C18, 120 Å, 5 μm, 250 × 4.6 mm); Gradient: 48 → 55 % B in 30 min bei 60 °C; t_R= 29.3 min; HR-ESI-MS: *m/z* berechnet für $C_{116}H_{118}N_{20}O_{20}Na_2$ $[M+2Na]^{2+}$: 1078.4308, gefunden 1078.4321.

5.8 Synthese der *β*-Peptide

Alle *β*-Peptide wurden an einem MBHA-Harz (0.59 mmol/g) mittels einer Boc-Festphasensynthese hergestellt. Das Harz (0.02 mmol) wurde mit DCM und mit DMF gewaschen und eine Reaktionsmischung aus der L-β^3-Aminosäure (5.0 eq.), HATU (34 mg, 4.5 eq.), DIEA (24 µL, 7.0 eq.) und DMF (150 µL) hinzugegeben. Die Mischung wurde 30 min bei 90 °C geschüttelt und dann das Harz mit DMF (10 × 2 mL), DCM (10 × 2 mL) und erneut mit DMF (10 × 2 mL) gewaschen. Die freien Aminofunktionen wurden mit DMF/Ac_2O/DIEA (18:1:1) acetyliert (2 × 5 min) und das Harz mit DMF (10 × 2 mL) sowie DCM (10 × 2 mL) gewaschen. Dann wurde das Harz mit TFA (2 × 1 mL) gewaschen und drei Minuten mit TFA (2 × 1 mL) geschüttelt. Schließlich wurde erneut mit DCM (10 × 2 mL) und DMF (10 × 2 mL) gewaschen. Darauf folgte die nächste Kupplung. Homolysin wurde mit der 2-Cl-Z- und Homotryptophan mit der Formyl-Schutzgruppe verwendet. Auf die Acetylierung wurde während der folgenden Synthese verzichtet. Nach der letzten Abspaltung der Boc-Schutzgruppe folgte schließlich eine Acetylierung (2 × 10 min). Dann wurde das Harz mit DMF (10 × 2 mL), DCM (10 × 2 mL), MeOH (10 × 2 mL), DCM (10 × 2 mL) gewaschen und über Nacht über KOH getrocknet.
Die Abspaltung aller Schutzgruppen erfolgte bei 0 °C mit einer Reaktionsmischung aus m-Kresol (50 µL), DMS (150 µL), TFA (250 µL), TFMSA (50 µL) und EDT (10 µL). Die Mischung wurde 3 Stunden bei 0 °C gerührt, dann wurde das Harz mit Diethylether (10 × 2 mL) gewaschen und über Nacht über KOH getrocknet. Das entschützte Harz wurde schließlich mit Thioanisol (50 µL) und EDT (75 µL) vereint und zehn Minuten bei Raumtemperatur gerührt. Dann wurde die Reaktionsmischung auf 0 °C abgekühlt und TFA (500 µL) sowie TFMSA (50 µL) hinzugegeben und zwei Stunden bei Raumtemperatur gerührt. Die Lösung wurde zu kaltem Diethylether (5 mL) gegeben und der Rückstand erneut mit Diethylether (2 × 5 mL) gewaschen. Das Rohpeptid wurde unter vermindertem Druck getrocknet und mittels RP-HPLC gereinigt.

(P11) Ac-$hLys_3$-$hVal_6$-hTrp-$hVal_{11}$-$hLys_3$-NH_2 ($C_{158}H_{288}N_{32}O_{25}$, 3036.2)
RP-HPLC: *Vydac* 214TP54 (C4, 300 Å, 5 µm, 250 × 4.6 mm); Gradient: 45 → 80 % B in 30 min; t_R = 24.2 min; ESI-MS: *m/z* (%) = 607.85 (100) $[M+5H]^{5+}$; 759.56 (83) $[M+4H]^{4+}$; 1012.42 (24) $[M+3H]^{3+}$.

(**P12**) Ac-hLys$_3$-hLeu$_6$-hTrp-hLeu$_{11}$-hLys$_3$-NH$_2$ ($C_{175}H_{322}N_{32}O_{25}$, 3274.6)
RP-HPLC: *Vydac* 214TP54 (C4, 300 Å, 5 µm, 250 × 4.6 mm); Gradient: 66 → 76 % B in 30 min; t_R = 20.2 min; HR-ESI-MS: *m/z* berechnet für $C_{175}H_{327}N_{32}O_{25}$ $[M+5H]^{5+}$: 655.50546, gefunden 655.50539.

(**P13**) Ac-hLys$_3$-hTrp-hLeu$_{17}$-hLys$_3$-NH$_2$ ($C_{175}H_{322}N_{32}O_{25}$, 3274.6)
RP-HPLC: *Vydac* 214TP54 (C4, 300 Å, 5 µm, 250 × 4.6 mm); Gradient: 65 → 90 % B in 20 min; t_R = 11.0 min; HR-ESI-MS: *m/z* berechnet für $C_{175}H_{327}N_{32}O_{25}$ $[M+5H]^{5+}$: 655.50546, gefunden 655.50494.

6. Anhang

6.1 Racemisierungsstudien

Abbildung 51

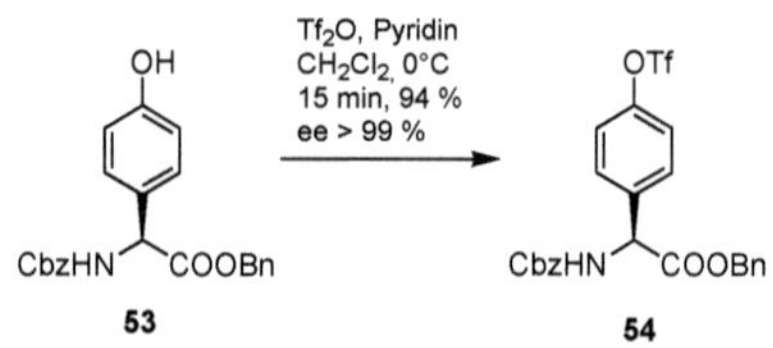

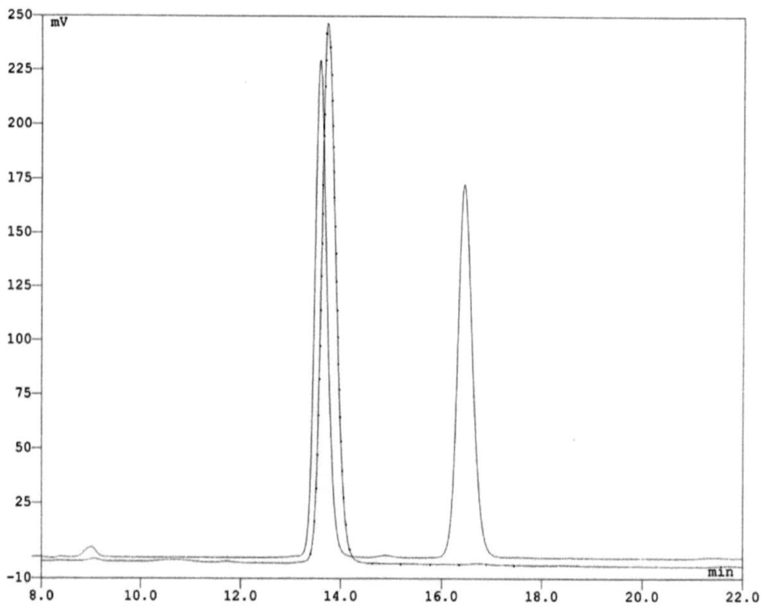

Reaktionsprodukt (**54**) (–·–), Gemisch D+L-**54** (—)

Chirale HPLC-Säule: Chiralpak® IA, Laufmittel: isokratisch n-Hexan/i-Propanol (4:1), Flussrate: 0.6 mL/min, Wellenlänge: 245 nm.

Abbildung 52

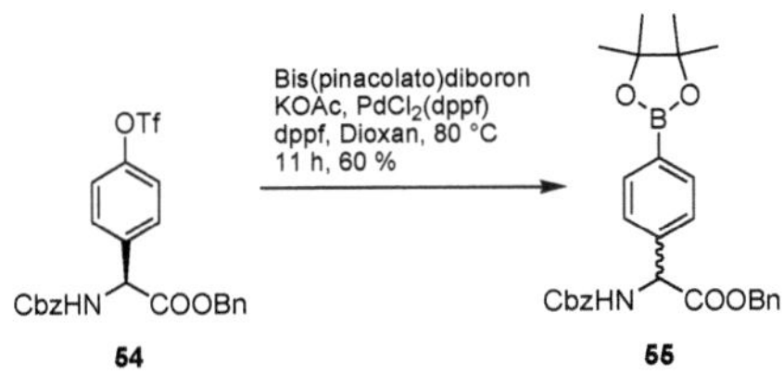

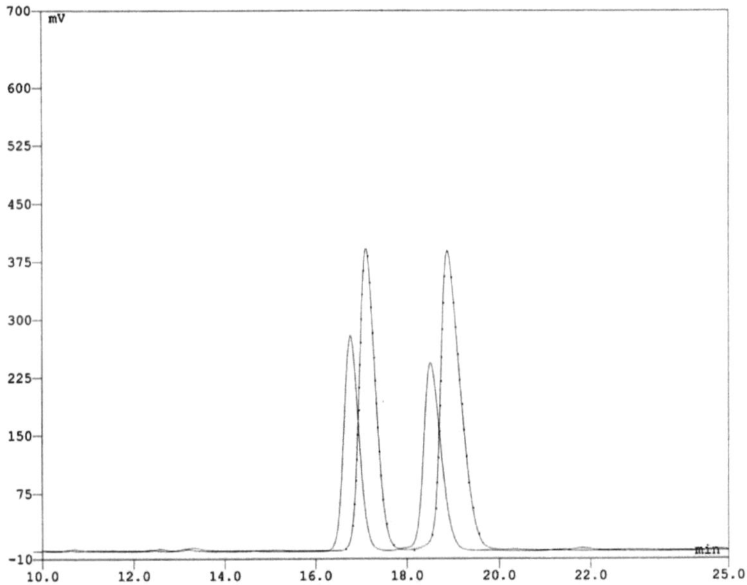

Reaktionsprodukt (**55**) (—), Verbindung DL-**55** (–·–)

Chirale HPLC-Säule: Chiralpak® IA, Laufmittel: isokratisch n-Hexan/i-Propanol (4:1), Flussrate: 0.6 mL/min, Wellenlänge: 245 nm.

Abbildung 53

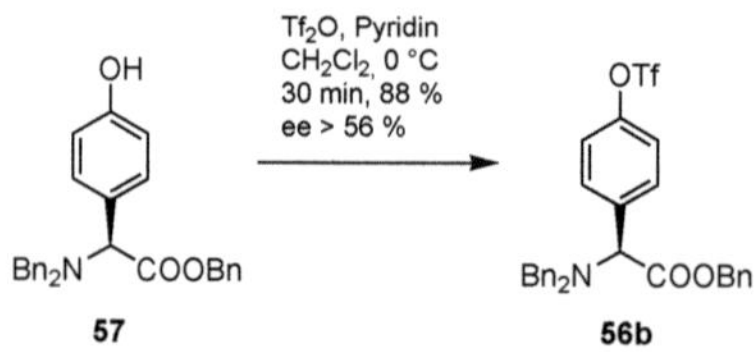

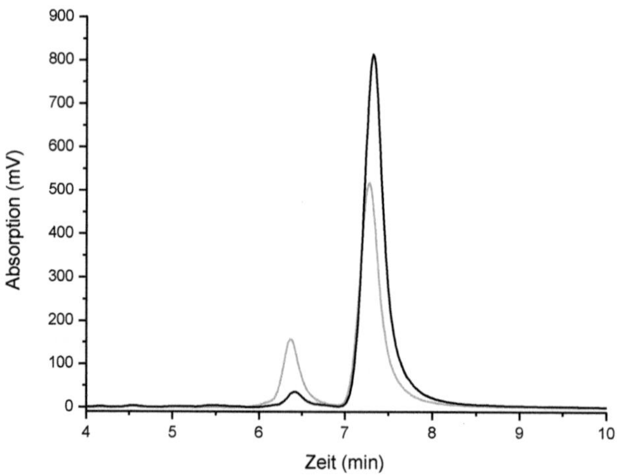

Verbindung **56a** (schwarz), Verbindung **56b** (grau)

Chirale HPLC-Säule: Chiralpak® IA, Laufmittel: isokratisch n-Hexan/i-Propanol (95:5), Flussrate: 0.8 mL/min, Wellenlänge: 252 nm.

Abbildung 54

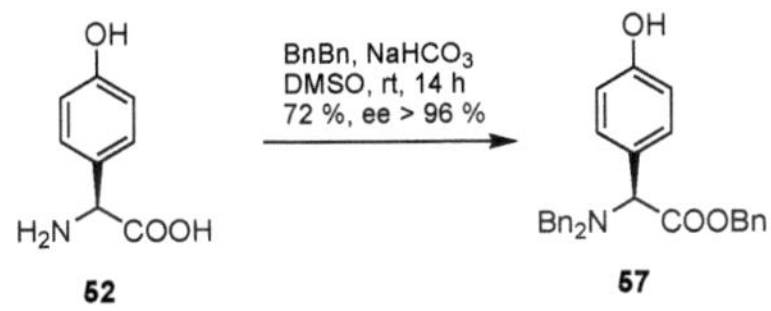

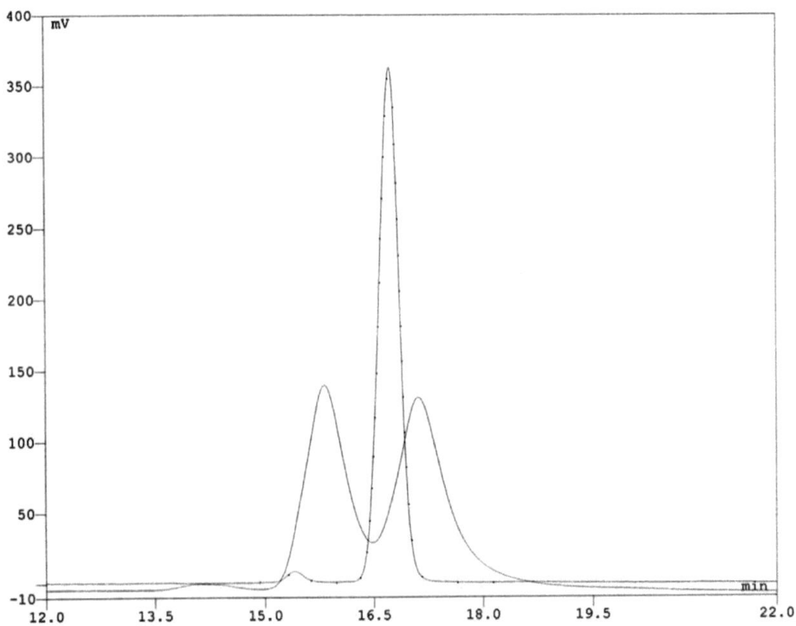

Reaktionsprodukt **57** (–·–), Verbindung DL-**57** (—)

Chirale HPLC-Säule: Chiralpak® IA, Laufmittel: Gradient (n-Hexan/i-Propanol (9:1) → Hexan) in 40 min, Flussrate: 0.6 mL/min, Wellenlänge: 254 nm.

Abbildung 55

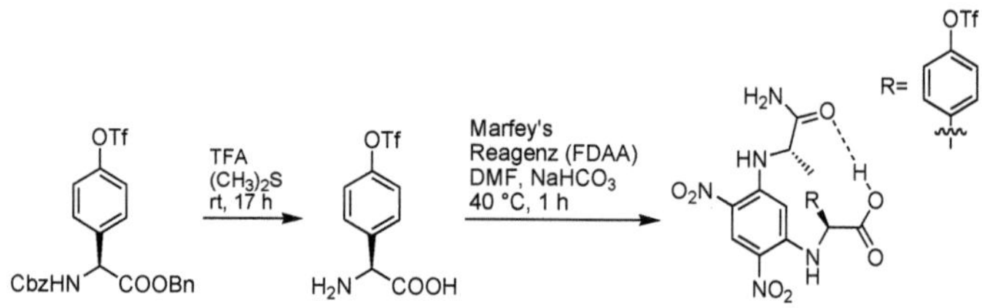

54

L-Ala-NH$_2$-Dnp-L-Hpg(Tf)

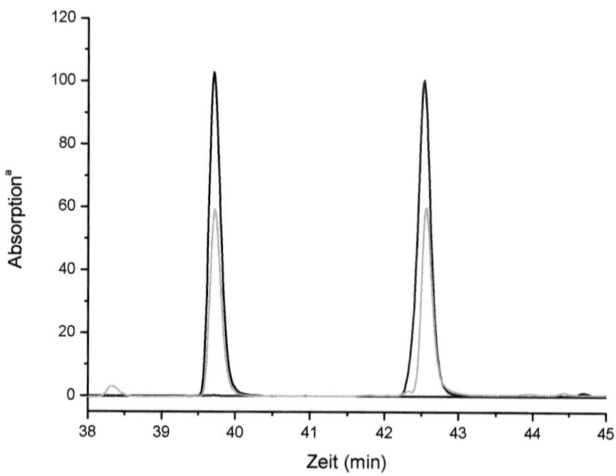

L-Ala-NH$_2$-Dnp-**L**-Hpg(Tf) (schwarz), L-Ala-NH$_2$-Dnp-**D**-Hpg(Tf) (blau), L-Ala-NH$_2$-Dnp-**DL**-Hpg(Tf) (grau)

RP-HPLC-Säule: *Jasco* ReproSil 100 ODS-A, Laufmittel: Gradient Wasser/TFA (99.9:0.1) → Acetonitril/TFA (99.9:0.1) in 60 min, Flussrate: 0.6 mL/min, Wellenlänge: 340 nm. [a] Die Absorptionsintensität der drei HPLC-Diagramme wurde angeglichen.

Abbildung 56

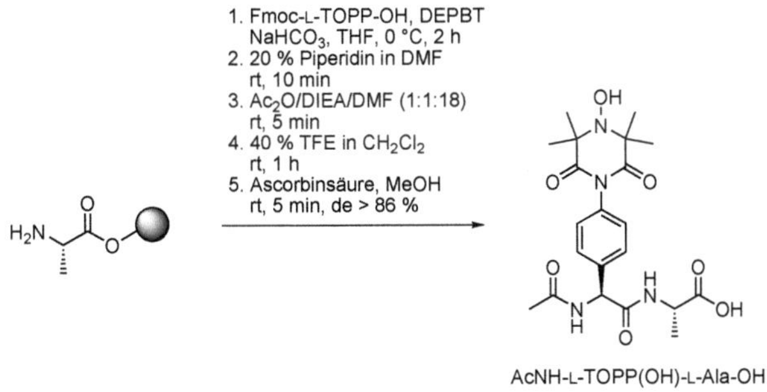

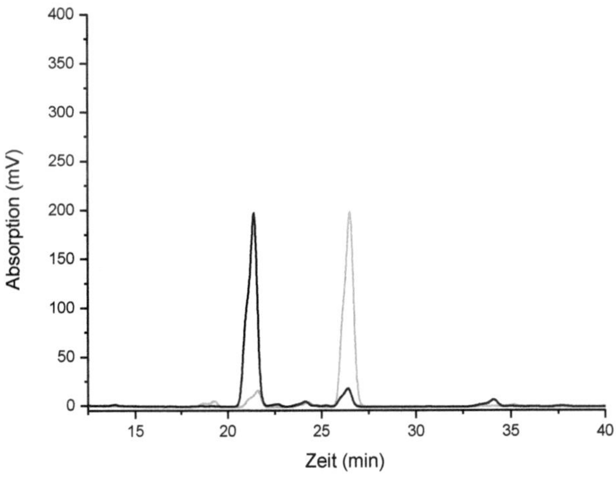

AcNH-L-TOPP(OH)-**L**-Ala-OH (schwarz), AcNH-L-TOPP(OH)-**D**-Ala-OH (grau)

RP-HPLC-Säule: *Phenomenex* Jupiter analytisch, Laufmittel: Gradient (Wasser/TFA (99.9:0.1) → Acetonitril/TFA (99.9:0.1)) in 60 min, Flussrate 1.0 mL/min, Wellenlänge: 235 nm.

6.2 DFT-Daten

Abbildung 57

Konformer **62** $B\alpha$

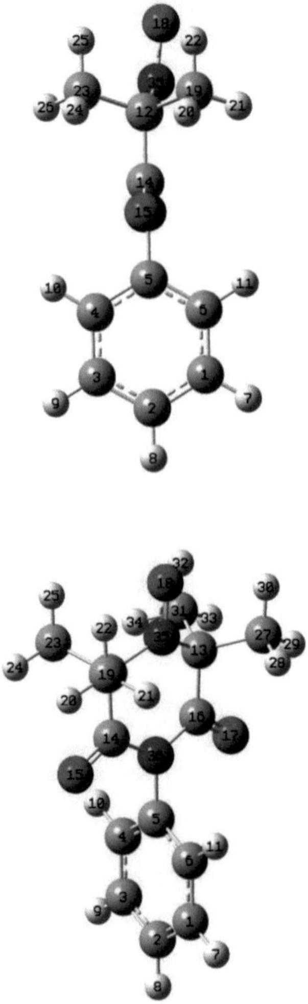

Nr.	El.	X	Y	Z
1	C	-3.971802	-0.000008	-1.241061
2	C	-4.675876	-0.000001	-0.039194
3	C	-3.986378	0.000007	1.171586
4	C	-2.594711	0.000008	1.182891
5	C	-1.901188	0	-0.021652
6	C	-2.579629	-0.000008	-1.23454
7	H	-4.504483	-0.000014	-2.184872
8	H	-5.759766	-0.000001	-0.045773
9	H	-4.531032	0.000013	2.108545
10	H	-2.049245	0.000014	2.118782
11	H	-2.021456	-0.000014	-2.163052
12	C	1.717881	-1.314361	0.005875
13	C	1.717881	1.314362	0.005879
14	C	0.18948	-1.249294	0.016613
15	O	-0.455363	-2.269806	0.071315
16	C	0.189479	1.249295	0.016599
17	O	-0.455365	2.269808	0.07128
18	O	3.618574	0.000001	-0.402376
19	C	2.142698	-2.280924	-1.116287
20	H	1.69566	-3.258029	-0.940615
21	H	1.811897	-1.911254	-2.089587
22	H	3.228551	-2.35857	-1.126368
23	C	2.187819	-1.849124	1.377916
24	H	1.782733	-2.848254	1.539023
25	H	3.27752	-1.887263	1.380709
26	H	1.857545	-1.205633	2.196565
27	C	2.142713	2.280934	-1.116269
28	H	1.811928	1.911271	-2.089577
29	H	1.69567	3.258036	-0.940596
30	H	3.228566	2.358582	-1.126333
31	C	2.187801	1.849112	1.377931
32	H	3.277503	1.887246	1.380739
33	H	1.782719	2.848242	1.53904
34	H	1.857513	1.205615	2.196571
35	N	2.347682	0.000001	-0.265449
36	N	-0.447909	0	-0.01922

Abbildung 58

Konformer **62** *Bβ*

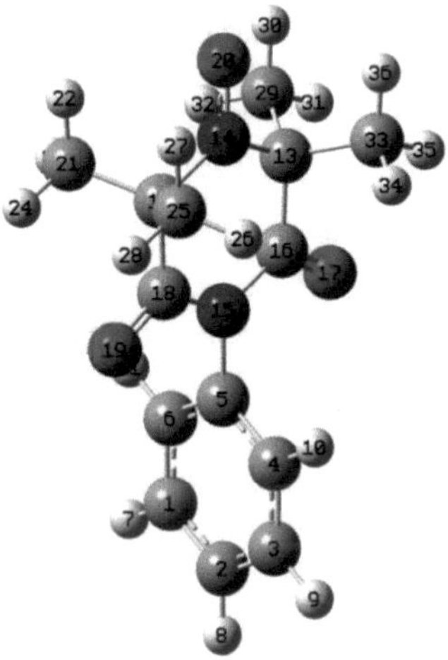

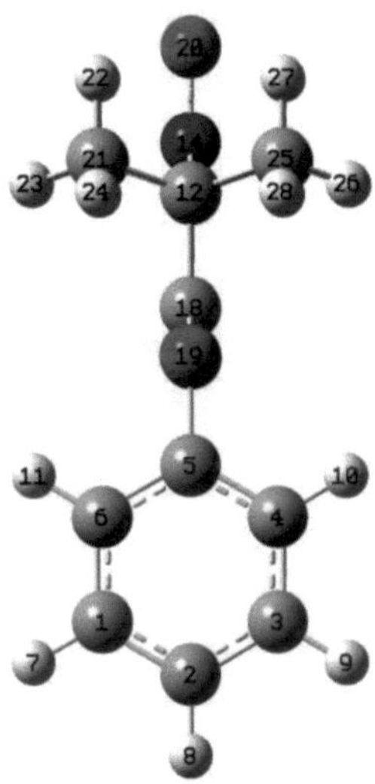

Nr.	El.	X	Y	Z
1	C	0	1.206341	-3.978401
2	C	0	0	-4.675196
3	C	0	-1.206341	-3.978401
4	C	0	-1.20876	-2.586458
5	C	0	0	-1.900631
6	C	0	1.20876	-2.586458
7	H	0	2.146745	-4.517066
8	H	0	0	-5.759098
9	H	0	-2.146745	-4.517066
10	H	0	-2.141007	-2.03469
11	H	0	2.141007	-2.03469
12	C	-1.324535	0	1.716501
13	C	1.324535	0	1.716501
14	N	0	0	2.376043
15	N	0	0	-0.447025
16	C	1.249601	0	0.189224
17	O	2.270582	0	-0.457463
18	C	-1.249601	0	0.189224
19	O	-2.270582	0	-0.457463
20	O	0	0	3.654013
21	C	-2.090005	1.267676	2.153146
22	H	-2.160651	1.275804	3.240256
23	H	-1.566569	2.171422	1.831227
24	H	-3.086277	1.263645	1.71248
25	C	-2.090005	-1.267676	2.153146
26	H	-1.566569	-2.171422	1.831227
27	H	-2.160651	-1.275804	3.240256
28	H	-3.086277	-1.263645	1.71248
29	C	2.090005	1.267676	2.153146
30	H	2.160651	1.275804	3.240256
31	H	3.086277	1.263645	1.71248
32	H	1.566569	2.171422	1.831227
33	C	2.090005	-1.267676	2.153146
34	H	1.566569	-2.171422	1.831227
35	H	3.086277	-1.263645	1.71248
36	H	2.160651	-1.275804	3.240256

Abbildung 59

Konformer **63** $B\alpha$

Nr.	El.	X	Y	Z
1	C	-2.209399	-0.290826	0.490548
2	C	-1.605897	-0.365798	-0.769797
3	C	-0.221805	-0.304983	-0.898105
4	C	0.567141	-0.158625	0.237079
5	C	-0.012989	-0.07747	1.497449
6	C	-1.397295	-0.146991	1.619582
7	H	-2.2076	-0.474649	-1.664168
8	H	0.241175	-0.368135	-1.875139
9	H	0.611877	0.031111	2.375384
10	H	-1.84899	-0.091755	2.60311
11	C	4.086479	1.307619	-0.267068
12	C	4.234037	-1.306194	0.034519
13	C	-3.716729	-0.316819	0.671906
14	H	-3.936073	-0.60586	1.70312
15	C	-4.30311	1.120576	0.571386
16	O	-4.571795	1.74607	1.58883
17	N	-4.358752	-1.255747	-0.243274
18	H	-3.77825	-1.958971	-0.675883
19	C	-5.713021	-1.40951	-0.29724
20	O	-6.47278	-0.686867	0.337428
21	C	-6.214266	-2.524474	-1.191191
22	H	-6.676518	-3.292425	-0.56624
23	H	-6.987065	-2.122974	-1.848583
24	H	-5.430814	-2.983322	-1.794704
25	C	2.709094	-1.305268	0.129793
26	O	2.111282	-2.355424	0.221563
27	C	2.575551	1.173242	-0.083296
28	O	1.869774	2.156787	-0.135027
29	N	2.011982	-0.092909	0.107581
30	N	4.812261	0.059777	0.075691
31	O	6.088433	0.132216	0.095932
32	C	4.779048	-2.085386	1.248506
33	H	4.489718	-1.599387	2.182608
34	H	4.381558	-3.098982	1.237238
35	H	5.865671	-2.117116	1.190634
36	C	4.640888	-2.006256	-1.281906
37	H	5.728758	-2.012215	-1.350463
38	H	4.272903	-3.032034	-1.278551
39	H	4.235476	-1.49251	-2.155347
40	C	4.587899	2.421718	0.670847
41	H	4.409175	2.158576	1.715434
42	H	5.656986	2.560589	0.521735

43	H	4.062986	3.347929	0.443978
44	C	4.355614	1.683353	-1.743268
45	H	3.905131	2.651627	-1.961914
46	H	5.43363	1.743737	-1.895001
47	H	3.941308	0.944469	-2.431366
48	N	-4.332871	1.650426	-0.670222
49	H	-4.220862	1.023466	-1.452841
50	C	-4.860314	2.981679	-0.935565
51	H	-4.444573	3.349301	-1.873446
52	H	-5.952847	2.980472	-1.006547
53	H	-4.565963	3.648463	-0.126367

Abbildung 60

Konformer **63** *Bβ*

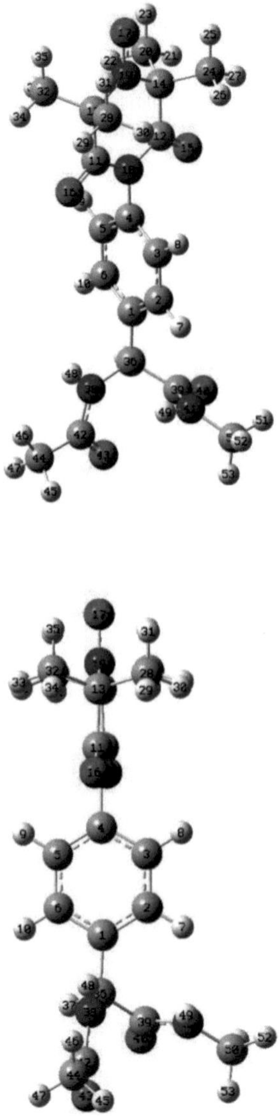

Nr.	El.	X	Y	Z
1	C	-2.184356	-0.14218	-0.455777
2	C	-1.562312	-0.480133	0.749599
3	C	-0.175081	-0.435484	0.868349
4	C	0.596604	-0.045219	-0.218506
5	C	-0.001242	0.295523	-1.42676
6	C	-1.385822	0.241767	-1.540476
7	H	-2.152896	-0.794204	1.599576
8	H	0.302909	-0.705034	1.802113
9	H	0.609385	0.593295	-2.270265
10	H	-1.852093	0.501481	-2.484095
11	C	2.598527	1.189372	0.393909
12	C	2.75354	-1.136137	-0.482713
13	C	4.107367	1.296762	0.602307
14	C	4.2793	-1.142155	-0.424495
15	O	2.166006	-2.117965	-0.882325
16	O	1.887003	2.129975	0.673215
17	O	6.123648	0.145295	0.251067
18	N	2.042904	0.003184	-0.093702
19	N	4.850971	0.10243	0.139423
20	C	4.802859	-1.309856	-1.868643
21	H	4.435121	-2.246506	-2.286208
22	H	4.473735	-0.483942	-2.502997
23	H	5.892039	-1.323558	-1.845505
24	C	4.719026	-2.331047	0.455918
25	H	5.807161	-2.356843	0.493091
26	H	4.333111	-2.228957	1.472335
27	H	4.345665	-3.260191	0.027566
28	C	4.357731	1.474378	2.117016
29	H	3.860179	2.378042	2.467515
30	H	3.978818	0.618495	2.680037
31	H	5.430792	1.559782	2.285281
32	C	4.613072	2.524673	-0.183223
33	H	4.418253	2.411106	-1.251801
34	H	4.109086	3.421152	0.175057
35	H	5.686751	2.622531	-0.029589
36	C	-3.694193	-0.138662	-0.654806
37	H	-3.883268	-0.369631	-1.706904
38	N	-4.239071	1.195445	-0.384234
39	C	-4.465518	-1.26556	0.074427
40	O	-4.792263	-2.277941	-0.531225
41	N	-4.61847	-1.114007	1.411583
42	C	-5.558269	1.490575	-0.544369

43	O	-6.366188	0.649335	-0.924522
44	C	-5.962282	2.916134	-0.230401
45	H	-6.712332	2.898914	0.563144
46	H	-5.1298	3.548133	0.079144
47	H	-6.429331	3.348686	-1.11752
48	H	-3.603904	1.913679	-0.070266
49	H	-4.483197	-0.190133	1.79554
50	C	-5.368379	-2.073907	2.212368
51	H	-5.06681	-3.084604	1.939869
52	H	-5.145087	-1.904717	3.26496
53	H	-6.447691	-1.978993	2.056398

Abbildung 61

Konformer **63** *Bγ*

Nr.	El.	X	Y	Z
1	C	-2.185628	-0.111736	-0.45063
2	C	-1.569655	-0.456398	0.75611
3	C	-0.182645	-0.418865	0.880163
4	C	0.595225	-0.031774	-0.203551
5	C	0.003468	0.315107	-1.413031
6	C	-1.381063	0.271309	-1.531077
7	H	-2.163848	-0.772622	1.602718
8	H	0.290951	-0.693203	1.814781
9	H	0.61849	0.610377	-2.254193
10	H	-1.842735	0.53761	-2.475063
11	C	4.125845	1.304601	0.538184
12	C	4.267139	-1.165009	-0.368858
13	C	-3.694658	-0.09803	-0.652406
14	H	-3.881198	-0.270033	-1.716043
15	C	-4.464329	-1.26688	0.009815
16	O	-4.785869	-2.24391	-0.653768
17	N	-4.243557	1.216918	-0.307504
18	H	-3.609903	1.920491	0.040727
19	C	-5.563351	1.516165	-0.45377
20	O	-6.368105	0.693123	-0.877994
21	C	-5.972962	2.921023	-0.063258
22	H	-6.477586	3.384877	-0.912947
23	H	-6.693017	2.859271	0.755731
24	H	-5.137481	3.550124	0.244174
25	C	2.74159	-1.147429	-0.451124
26	O	2.147025	-2.11756	-0.867663
27	C	2.611992	1.205453	0.357319
28	O	1.914061	2.170802	0.580109
29	N	2.04115	0.00303	-0.072386
30	N	4.808494	-0.002675	0.377597
31	O	6.064363	-0.016959	0.616444
32	C	4.690308	-2.44555	0.375625
33	H	4.301112	-2.44624	1.395954
34	H	4.302752	-3.315234	-0.151966
35	H	5.776846	-2.494406	0.414226
36	C	4.825477	-1.168844	-1.811613
37	H	5.914533	-1.157976	-1.761325
38	H	4.496374	-2.070492	-2.328315
39	H	4.488407	-0.299967	-2.380294
40	C	4.395449	1.805189	1.971427
41	H	4.001074	1.101807	2.707769
42	H	5.469822	1.901709	2.117977

43	H	3.917842	2.77325	2.113794
44	C	4.674809	2.31261	-0.497225
45	H	4.217874	3.288428	-0.333653
46	H	5.754103	2.391876	-0.366434
47	H	4.466119	1.996231	-1.520905
48	N	-4.621078	-1.193589	1.353164
49	H	-4.493117	-0.292588	1.790437
50	C	-5.370272	-2.201601	2.093412
51	H	-5.148546	-2.096621	3.154661
52	H	-6.449579	-2.099263	1.942045
53	H	-5.066591	-3.193204	1.759939

Abbildung 62

Konformer **62** $P\alpha$

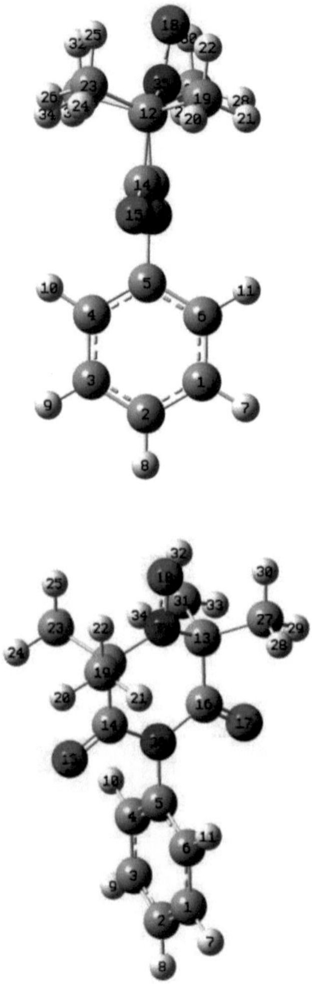

Nr.	El.	X	Y	Z
1	C	-3.952813	-0.038653	-1.237751
2	C	-4.651082	-0.006927	-0.03697
3	C	-3.960093	0.028404	1.168422
4	C	-2.572083	0.032485	1.175441
5	C	-1.884681	0.000244	-0.028217
6	C	-2.56421	-0.035494	-1.235864
7	H	-4.4892	-0.065464	-2.180009
8	H	-5.735808	-0.009637	-0.04016
9	H	-4.502624	0.052561	2.107245
10	H	-2.021265	0.05865	2.10901
11	H	-2.006404	-0.058234	-2.165449
12	C	1.71285	-1.294872	-0.024818
13	C	1.705895	1.301359	0.042101
14	C	0.196808	-1.229138	0.081491
15	O	-0.436733	-2.241816	0.24058
16	C	0.187929	1.249369	-0.058251
17	O	-0.456457	2.265954	-0.105531
18	O	3.58505	0.014335	-0.460267
19	C	2.046083	-2.218377	-1.201326
20	H	1.616755	-3.203718	-1.020672
21	H	1.64082	-1.819301	-2.13479
22	H	3.129846	-2.289357	-1.294973
23	C	2.268657	-1.881619	1.278966
24	H	1.851449	-2.877105	1.435047
25	H	3.354993	-1.942265	1.195787
26	H	2.017261	-1.260443	2.142066
27	C	2.219007	2.350213	-0.942437
28	H	1.992411	2.057502	-1.970413
29	H	1.734563	3.303326	-0.733367
30	H	3.299414	2.442529	-0.839316
31	C	2.064468	1.703249	1.481812
32	H	3.151981	1.701459	1.580168
33	H	1.679758	2.703318	1.68891
34	H	1.642655	1.011552	2.215604
35	N	2.329437	0.012808	-0.295064
36	N	-0.442564	0.005102	-0.029012

Abbildung 63

Konformer **62** $P\beta$

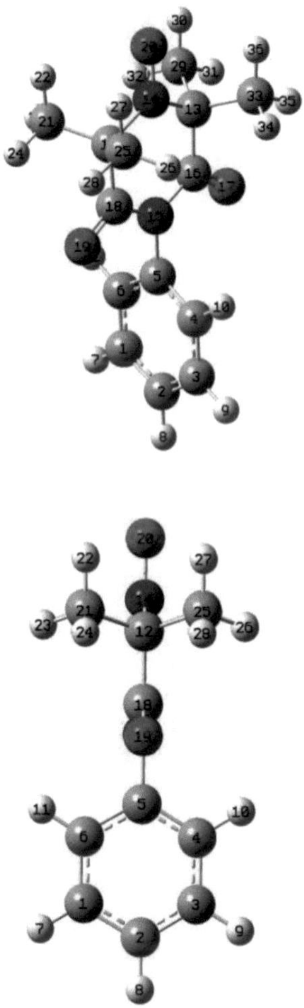

Nr.	El.	X	Y	Z
1	C	0	1.203551	-3.957194
2	C	0	0	-4.651825
3	C	0	-1.203551	-3.957194
4	C	0	-1.206159	-2.568895
5	C	0	0	-1.885694
6	C	0	1.206159	-2.568895
7	H	0	2.144445	-4.496633
8	H	0	0	-5.73655
9	H	0	-2.144445	-4.496633
10	H	0	-2.138083	-2.01463
11	H	0	2.138083	-2.01463
12	C	-1.312576	0	1.707888
13	C	1.312576	0	1.707888
14	N	0	0	2.363946
15	N	0	0	-0.443059
16	C	1.241846	0	0.189274
17	O	2.260762	0	-0.454226
18	C	-1.241846	0	0.189274
19	O	-2.260762	0	-0.454226
20	O	0	0	3.630122
21	C	-2.074661	1.259047	2.139297
22	H	-2.148134	1.264396	3.227344
23	H	-1.550123	2.163797	1.819941
24	H	-3.070158	1.253354	1.694866
25	C	-2.074661	-1.259047	2.139297
26	H	-1.550123	-2.163797	1.819941
27	H	-2.148134	-1.264396	3.227344
28	H	-3.070158	-1.253354	1.694866
29	C	2.074661	1.259047	2.139297
30	H	2.148134	1.264396	3.227344
31	H	3.070158	1.253354	1.694866
32	H	1.550123	2.163797	1.819941
33	C	2.074661	-1.259047	2.139297
34	H	1.550123	-2.163797	1.819941
35	H	3.070158	-1.253354	1.694866
36	H	2.148134	-1.264396	3.227344

Abbildung 64

Konformer **63** $P\alpha$

Nr.	El.	X	Y	Z
1	C	-2.175616	-0.107137	-0.453142
2	C	-1.563006	-0.467862	0.746161
3	C	-0.179762	-0.42975	0.871345
4	C	0.595325	-0.026378	-0.20415
5	C	0.006382	0.337383	-1.406232
6	C	-1.37459	0.293452	-1.524901
7	H	-2.160065	-0.798486	1.587215
8	H	0.296326	-0.717456	1.801952
9	H	0.623819	0.645715	-2.242376
10	H	-1.838888	0.572644	-2.465244
11	C	2.600175	1.200621	0.352345
12	C	2.724598	-1.138874	-0.450283
13	C	4.105711	1.290432	0.53348
14	C	4.241099	-1.154416	-0.363743
15	O	2.13158	-2.103567	-0.871146
16	O	1.907452	2.166485	0.569601
17	O	6.015895	-0.035098	0.64896
18	N	2.030238	0.005571	-0.072403
19	N	4.775096	-0.012489	0.395333
20	C	4.796335	-1.139447	-1.796569
21	H	4.473776	-2.039302	-2.322191
22	H	4.454493	-0.267441	-2.358582
23	H	5.886295	-1.122767	-1.743027
24	C	4.65953	-2.437931	0.356278
25	H	5.747127	-2.490818	0.38784
26	H	4.275049	-2.451643	1.378958
27	H	4.265315	-3.297929	-0.183863
28	C	4.371005	1.807086	1.950631
29	H	3.89292	2.778043	2.076831
30	H	3.975194	1.113837	2.696719
31	H	5.446413	1.905455	2.095973
32	C	4.657629	2.277055	-0.505855
33	H	4.446503	1.954179	-1.527766
34	H	4.20847	3.258649	-0.349751
35	H	5.738494	2.34817	-0.373856
36	C	-3.67647	-0.090822	-0.654384
37	H	-3.8642	-0.259803	-1.72034
38	N	-4.220002	1.210611	-0.300589
39	C	-4.439732	-1.253834	0.002977
40	O	-4.761443	-2.228802	-0.656202
41	N	-4.582768	-1.177227	1.342352
42	C	-5.53757	1.495168	-0.441538

43	O	-6.32948	0.66223	-0.859737
44	C	-5.958183	2.88682	-0.051397
45	H	-6.667038	2.816336	0.77699
46	H	-5.127157	3.52806	0.244008
47	H	-6.481105	3.340987	-0.895481
48	H	-3.587249	1.919542	0.035438
49	H	-4.451852	-0.273422	1.771382
50	C	-5.317028	-2.177203	2.086915
51	H	-5.100758	-3.158986	1.666435
52	H	-4.998469	-2.155409	3.129229
53	H	-6.398379	-2.009557	2.041225

Abbildung 65

Konformer **63** *Pβ*

Nr.	El.	X	Y	Z
1	C	-2.174915	-0.144372	-0.464379
2	C	-1.549089	-0.563532	0.708382
3	C	-0.165497	-0.513408	0.826391
4	C	0.596018	-0.036818	-0.2284
5	C	-0.006767	0.386404	-1.404091
6	C	-1.387551	0.326675	-1.51766
7	H	-2.137277	-0.943558	1.534872
8	H	0.320051	-0.846275	1.736865
9	H	0.601021	0.750831	-2.224615
10	H	-1.862214	0.648294	-2.439253
11	C	4.256011	-1.112985	-0.437788
12	C	4.087517	1.262892	0.620335
13	C	-3.676799	-0.144285	-0.662956
14	H	-3.867005	-0.391833	-1.71334
15	C	-4.441821	-1.250847	0.082578
16	O	-4.773072	-2.270849	-0.49957
17	N	-4.2147	1.182864	-0.408816
18	H	-3.580431	1.908117	-0.112647
19	C	-5.531202	1.463751	-0.567561
20	O	-6.328358	0.609261	-0.928011
21	C	-5.94282	2.882534	-0.278412
22	H	-6.412611	3.296545	-1.173246
23	H	-6.694473	2.871712	0.514002
24	H	-5.115107	3.525777	0.021819
25	C	2.579803	1.15182	0.470006
26	O	1.865078	2.039489	0.871243
27	C	2.739966	-1.105454	-0.535173
28	O	2.156674	-2.074561	-0.95976
29	N	2.031706	0.013769	-0.111204
30	N	4.809307	0.211417	-0.1139
31	O	6.070704	0.319346	-0.154646
32	C	4.516488	2.616584	0.049205
33	H	4.284007	2.679723	-1.016534
34	H	3.99089	3.412108	0.576386
35	H	5.591314	2.734079	0.183633
36	C	4.425663	1.183789	2.116659
37	H	5.509524	1.246185	2.227853
38	H	3.959546	2.019029	2.641082
39	H	4.07679	0.25111	2.565121
40	C	4.811132	-1.536238	-1.799852
41	H	4.530949	-0.817164	-2.573334
42	H	5.897908	-1.586008	-1.741141

43	H	4.41217	-2.515537	-2.061872
44	C	4.656978	-2.129353	0.64199
45	H	4.314677	-3.123535	0.351506
46	H	5.744907	-2.131785	0.727482
47	H	4.225174	-1.882631	1.614264
48	N	-4.57954	-1.068975	1.411888
49	H	-4.423882	-0.139204	1.77145
50	C	-5.314718	-2.000471	2.239264
51	H	-4.973171	-1.91335	3.2709
52	H	-6.393531	-1.815025	2.20463
53	H	-5.125235	-3.012725	1.88308

Abbildung 66

Konformer **63** $P\gamma$

Nr.	El.	X	Y	Z
1	C	-2.176228	-0.1965	-0.441402
2	C	-1.53345	-0.80463	0.633581
3	C	-0.14885	-0.749354	0.750601
4	C	0.593899	-0.079609	-0.206689
5	C	-0.027274	0.531043	-1.287706
6	C	-1.406475	0.464792	-1.403091
7	H	-2.107694	-1.324805	1.390812
8	H	0.350981	-1.224265	1.58736
9	H	0.566426	1.045239	-2.035037
10	H	-1.894834	0.930781	-2.253226
11	C	4.061316	1.216924	0.734028
12	C	4.277092	-1.032348	-0.569778
13	C	-3.677886	-0.21839	-0.643517
14	H	-3.868781	-0.564821	-1.666076
15	C	-4.440211	-1.246577	0.207953
16	O	-4.783371	-2.315155	-0.272161
17	N	-4.213931	1.127569	-0.520312
18	H	-3.592075	1.865874	-0.229324
19	C	-5.530759	1.393907	-0.702926
20	O	-6.323872	0.516471	-1.012634
21	C	-5.946822	2.82704	-0.504641
22	H	-6.481612	3.159923	-1.396332
23	H	-6.64392	2.873558	0.335457
24	H	-5.112065	3.501987	-0.312668
25	C	2.762814	-1.026805	-0.691755
26	O	2.20609	-1.891654	-1.325672
27	C	2.554808	1.077229	0.596973
28	O	1.824157	1.928474	1.04563
29	N	2.028114	-0.018257	-0.078363
30	N	4.77894	-0.01395	0.366356
31	O	6.023846	-0.031371	0.599271
32	C	4.693782	-2.406396	-0.036623
33	H	4.271042	-2.582574	0.95548
34	H	4.340893	-3.180405	-0.717494
35	H	5.780679	-2.444455	0.031151
36	C	4.872815	-0.797555	-1.965345
37	H	5.960728	-0.804696	-1.881407
38	H	4.556069	-1.596962	-2.636327
39	H	4.556769	0.159236	-2.386674
40	C	4.375857	1.529337	2.198311
41	H	4.063297	0.707207	2.846521
42	H	5.449547	1.676898	2.308684

43	H	3.848133	2.43548	2.493607
44	C	4.511943	2.376118	-0.168742
45	H	4.050182	3.304159	0.171273
46	H	5.597399	2.465413	-0.098445
47	H	4.236277	2.212041	-1.212859
48	N	-4.571507	-0.931024	1.511155
49	H	-4.357686	0.014972	1.788556
50	C	-5.294738	-1.76819	2.442175
51	H	-4.855832	-1.67412	3.436186
52	H	-6.354423	-1.497476	2.494581
53	H	-5.2154	-2.802902	2.110438

6.3 Massenspektren

Abbildung 67

(**P1**) AcNH-AAAAK-TOPP-AKAAAAAKAAKAKAAAA-$CONH_2$

HR-MS-ESI *m/z* berechnet für $C_{99}H_{171}N_{31}O_{27}$ $[M+3H]^{3+}$:

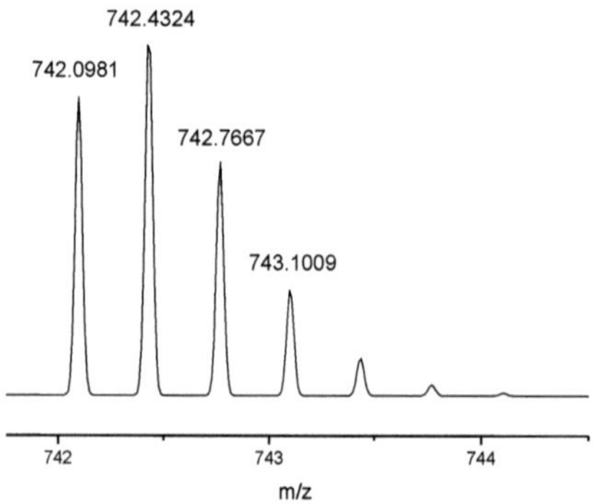

gemessen

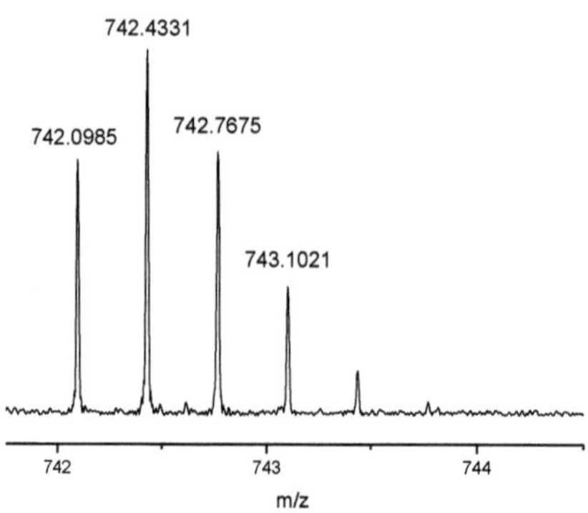

Abbildung 68

(**P2**) AcNH-AAAAK-TOPP-AKAAAAAKAAKA-TOPP-KAAAA-$CONH_2$

HR-MS-ESI *m/z* berechnet für $C_{115}H_{189}N_{34}O_{31}$ $[M+3H]^{3+}$:

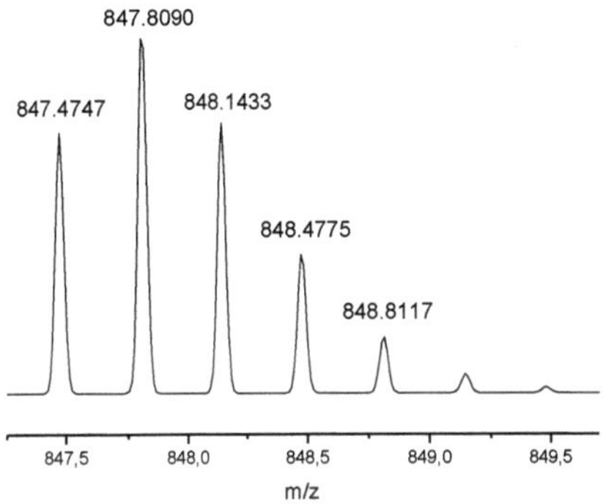

gemessen

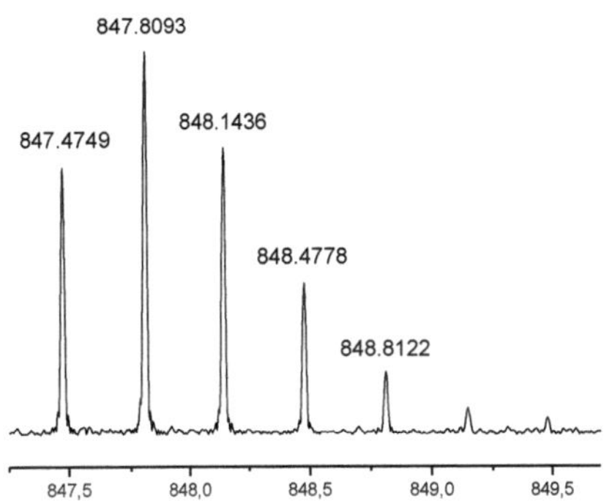

6.4 FRET, Monomer-Oligomer-Gleichgewicht

Das Verhältnis der Emissionsintensität des Donors in Anwesenheit I und in Abwesenheit I_0 des Akzeptors als Funktion des Akzeptor-Molenbruches χ_A bei einem konstanten Peptid/Lipid-Verhältnis kann zur Bestimmung der Oligomergröße herangezogen werden. Darüber hinaus kann die Dissoziationskonstante K_D des Monomer-Oligomer-Gleichgewichts ermittelt werden.

Die Emissionsintensität des Donors in Anwesenheit des Akzeptors ergibt sich aus der molaren Fluoreszenz des nicht gequenchten Donors f_D, der molaren Fluoreszenz des gequenchten Donors f_Q, der Stoffmenge der Donor-Moleküle N_D und der Stoffmenge der gequenchten Donor-Moleküle N_Q:

$$I = f_D(N_D - N_Q) + f_Q N_Q \tag{7}$$

Die Emissionsintensität des Donors in Abwesenheit des Akzeptors ist durch die Gleichung 8 gegeben.

$$I_0 = f_D N_D \tag{8}$$

Aus den Gleichungen 7 und 8 folgt das Verhältnis der Emissionsintensität des Donors in Anwesenheit I und in Abwesenheit I_0 des Akzeptors:

$$\frac{I}{I_0} = \frac{f_D(N_D - N_Q) + f_Q N_Q}{f_D N_D} = \frac{N_D - N_Q}{N_D} + \frac{f_Q}{f_D} \cdot \frac{N_Q}{N_D} \tag{9}$$

Da die Energie-Transfer-Effizienz zwischen NBD (Donor) und TAMRA (Akzeptor) für einen Abstand von 3.6 Å 88 % beträgt, wird in einem Oligomer mit parallel oder antiparallel angeordneten Peptiden die Emission des Donors durch den Akzeptor (fast) vollständig gequencht. Folglich ist die Näherung $\frac{f_Q}{f_D} = 0$ gerechtfertigt. Dadurch vereinfacht sich die Gleichung 9 zu:

$$\frac{I}{I_0} = \frac{N_D - N_Q}{N_D} = 1 - \frac{N_Q}{N_D} \tag{10}$$

Bei einer zufälligen Verteilung der Donor markierten, Akzeptor markierten sowie unmarkierten Peptide in dem Oligomer kann die Stoffmenge der Donor-Peptide und der gequenchten Donor-Peptide mit Hilfe der Trinomialverteilung (Gleichung 11) berechnet werden.

$$P(j,k)=\frac{n!}{j!k!(n-j-k)!}\chi_D^j\chi_A^k\chi_U^{n-j-k} \tag{11}$$

$P(j,k)$ gibt die Wahrscheinlichkeit an, ein Oligomer mit j Donor-Peptiden und k Akzeptor-Peptiden vorzufinden. Dabei ist n die Größe des Oligomeres, χ_D ist der Molenbruch der Donor-Peptide, χ_A ist der Molenbruch der Akzeptor-Peptide und χ_U ist der Molenbruch der unmarkierten Peptide.

Die Stoffmenge der Donor-Peptide N_D ist durch das Produkt zwischen der Stoffmenge der Oligomere N_O und der Summe der Wahrscheinlichkeiten aller möglichen Kombinationen von j und k, jeweils mit der Anzahl der Donor-Peptide j im Oligomer multipliziert, gegeben (Gleichung 12). Die Anzahl der Akzeptor-Peptide k im Oligomer variiert dabei zwischen Null und $n-1$, während die Anzahl der Donor-Peptide j für jedes k zwischen $j=1$ und $j=n-k$ variiert.

$$N_D=N_O\sum_{k=0}^{n-1}\sum_{j=1}^{n-k} j\frac{n!}{j!k!(n-j-k)!}\chi_D^j\chi_A^k\chi_U^{n-j-k} \tag{12}$$

In einem Oligomer mit mindestens einem Akzeptor-Peptid ($k > 0$) werden alle Donor-Peptide gequencht. Die Stoffmenge der gequenchten Donor-Peptide N_Q ergibt sich analog:

$$N_Q=N_O\sum_{k=1}^{n-1}\sum_{j=1}^{n-k} j\frac{n!}{j!k!(n-j-k)!}\chi_D^j\chi_A^k\chi_U^{n-j-k} \tag{13}$$

Die Subtraktion zwischen N_D und N_Q ergibt die Stoffmenge der nicht gequenchten Donor-Peptide ($k = 0$):

$$N_D-N_Q=N_O\sum_{j=1}^{n} j\frac{n!}{j!(n-j)!}\chi_D^j\chi_U^{n-j} \tag{14}$$

Daraus folgt:

$$N_Q=N_D-N_O\sum_{j=1}^{n} j\frac{n!}{j!(n-j)!}\chi_D^j\chi_U^{n-j} \tag{15}$$

Die Stoffmenge der Donor-Peptide N_D ist außerdem durch das Produkt zwischen der Stoffmenge aller Peptide nN_O und dem Molenbruch der Donor-Peptide χ_D gegeben:

$$N_D = nN_O\chi_D \tag{16}$$

Durch das Einsetzten der Gleichungen 15 und 16 in die Gleichung 10 ergibt sich die Gleichung 17.

$$\left(\frac{I}{I_0}\right) = 1 - \frac{N_Q}{N_D} = 1 - \frac{nN_O\chi_D - N_O\sum_{j=1}^{n} j\frac{n!}{j!(n-j)!}\chi_D^j\chi_U^{n-j}}{nN_O\chi_D} \tag{17}$$

Diese kann zur Gleichung 18 vereinfacht werden und

$$\left(\frac{I}{I_0}\right) = \frac{N_O\sum_{j=1}^{n} j\frac{n!}{j!(n-j)!}\chi_D^j\chi_U^{n-j}}{nN_O\chi_D} = \sum_{l=0}^{n}\frac{(n-1)!}{l!(n-l-1)!}\chi_D^l\chi_U^{n-l-1} \tag{18}$$

entspricht der Binomialfunktion 19, wobei n die Anzahl der Peptide pro Oligomer darstellt:

$$\left(\frac{I}{I_0}\right)_n = (\chi_D + \chi_U)^{(n-1)} = (1-\chi_A)^{(n-1)} \tag{19}$$

Unter der Annahme eines Monomer-Oligomer-Gleichgewichts ist die Dissoziationskonstante wie folgt definiert:

$$K_D = \frac{\left(\frac{N_M}{N_{Lipid}}\right)^n}{\frac{1}{n}\left(\frac{N_T}{N_{Lipid}} - \frac{N_M}{N_{Lipid}}\right)} \tag{20}$$

Dabei steht N_M für die Stoffmenge der Monomere, N_T für die Stoffmenge aller Peptide, N_{Lipid} für die Stoffmenge der Lipidmoleküle und n für die Anzahl der Peptide pro Oligomer. Das Verhältnis der Emissionsintensität des Donors in Anwesenheit I und in Abwesenheit I_0 des Akzeptors unter der Berücksichtigung des Monomer-Oligomer-Gleichgewichts wird durch die Gleichung 21 beschrieben.

$$\left(\frac{I}{I_0}\right)=\frac{N_M}{N_T}\left(\frac{I}{I_0}\right)_{Monomer}+\left(1-\frac{N_M}{N_T}\right)\left(\frac{I}{I_0}\right)_{Oligomer} \tag{21}$$

Durch das Einsetzen der Gleichungen 19 in die Gleichung 21 wird das Monomer-Oligomer-Gleichgewicht wie folgt beschieben:

$$\left(\frac{I}{I_0}\right)_n=\frac{N_M}{N_T}+\left(1-\frac{N_M}{N_T}\right)(1-\chi_A)^{(n-1)} \tag{22}$$

Das Verhältnis $\frac{N_M}{N_T}$ kann aus der Gleichung 22 durch einen Funktions-Fit der experimentellen Daten ermittelt und anschließend zur Berechnung der Dissoziationskonstante K_D verwendet werden:

$$K_D=\frac{\left(\frac{N_M}{N_T}\cdot\frac{N_T}{N_{Lipid}}\right)^n}{\frac{1}{n}\left(\frac{N_T}{N_{Lipid}}-\frac{N_M}{N_T}\cdot\frac{N_T}{N_{Lipid}}\right)} \tag{23}$$

Dabei entspricht $\frac{N_T}{N_{Lipid}}$ dem Peptid/Lipid-Verhältnis der jeweiligen Experimentreihe.

6.5 FRET-Daten

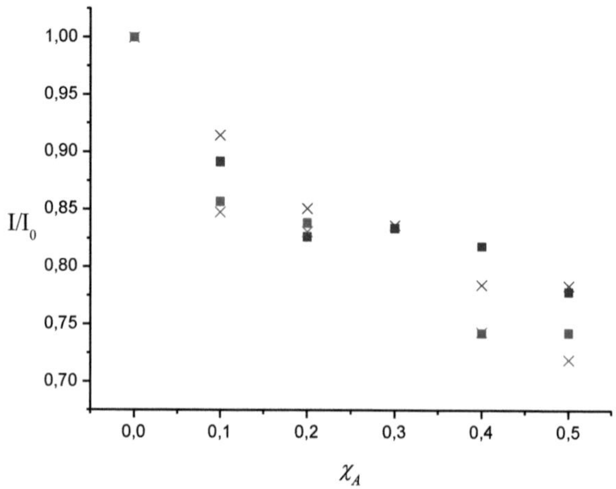

Abbildung 69: Das Verhältnis der Emissionsintensität des Donors in Anwesenheit I und in Abwesenheit I_0 des Akzeptors der modifizierten (rot) und der unmodifizierten (blau) Peptide in DLPC-Vesikeln ist gegen den Akzeptor-Molenbruch χ_A bei dem Peptid/Lipid-Verhältnis von 1:1500 aufgetragen. Die FRET-Messungen wurden zum Vergleich sofort nach der Vesikelherstellung (Quadrate) sowie nach 15 Stunden bei 50 °C (Kreuze) durchgeführt.

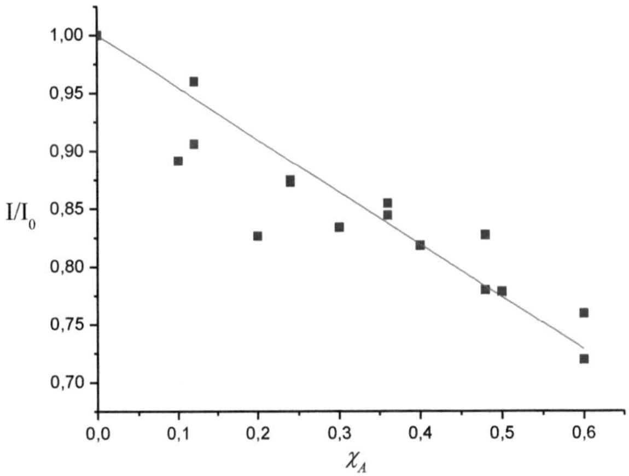

Abbildung 70: Das Verhältnis der Emissionsintensität des Donors in Anwesenheit I und in Abwesenheit I_0 des Akzeptors der unmodifizierten Peptide in DLPC-Vesikeln ist gegen den Akzeptor-Molenbruch χ_A bei den Peptid/Lipid-Verhältnissen 1:1500, 1:1080 und 1:360 aufgetragen.

Fitting mit der Funktion $\left(\frac{I}{I_0}\right)_n = \frac{N_M}{N_T} + \left(1 - \frac{N_M}{N_T}\right)(1 - \chi_A)$ ergibt für $N_M/N_T = 0.55$.

7. Abkürzungsverzeichnis

A	Alanin
Ar	Aromat
abs.	absolutiert
ACN	Acetonitril
Ac_2O	Essigsäureanhydrid
***β*-Ala**	β-Alanin
aq.	wässrig
Bn	Benzyl
Boc	tert-Butoxycarbonyl
Cbz	Carboxybenzyl
CD	Circulardichroismus
COSY	Correlated Spectroscopy
CSA	chemische Verschiebungsanisotropie
d	Dublett
DC	Dünnschichtchromatographie
DCM	Dichlormethan
DEPBT	3-(Diethoxyphosphoryloxy)-1,2,3-benzotriazin-4(3*H*)-on
DFT	Dichtefunktionaltheorie
DIEA	*N*-Ethyldiisopropylamin
DLPC	1,2-Dilauroyl-sn-glycero-3-phosphocholin
DMAP	4-(Dimethylamino)-pyridin
DMF	*N*,*N*-Dimethylformamid
DMS	Dimethylsulfid
DMSO	Dimethylsulfoxid
DNFB	2,4-Dinitro-1-fluorbenzol
Dnp	2,4-Dinitrophenyl
EDT	1,2-Ethandithiol
EPR	Electron Paramagnetic Resonance
eq.	Äquivalent
ESI	Elektrospray Ionisation
EtOH	Ethanol
FDAA	1-Fluoro-2,4-dinitrophenyl-5-L-alaninamid

Fmoc	9-Fluorenylmethoxycarbonyl
FRET	Fluoreszenz-Resonanz-Energie-Transfer
G	Glycin
HATU	2-(7-Aza-1*H*-benzotriazol-1-yl)-1,1,3,3-tetramethyluronium hexafluorophosphat
HBTU	O-(Benzotriazol-1-yl)-*N*,*N*,*N'*,*N'*-tetramethyluronium-hexafluorophosphat
hLeu	Homoleucin
hLys	Homolysin
HOAt	1-Hydroxy-7-azabenotriazol
HOBt	1-Hydroxybenzotriazol
Hpg	4-Hydroxyphenylglycin
HPLC	Hochleistungsflüssigkeitschromatographie
HR	High Resolution
hTrp	Homotryptophan
hVal	Homovalin
J	skalare Kopplungskontante
K	Lysin
L	Leucin
Lit.	Literatur
LUVs	große unilamellare Vesikel
Lys	Lysin
m	Multiplett
mCPBA	meta-Chloroperoxybenzoic acid
Me	Methyl
MS	Massenspektrometrie
NBD	7-Nitrobenzofurazan-4-yl
NHE	Normal Hydrogen Electrode
NMP	1-Methyl-2-pyrrolidon
NMR	Nuclear Magnetic Resonance
PELDOR	Pulse electron–electron double resonance
Ph	Phenyl
Phe	Phenylalanin
Phg	Phenylglycin

POPC	1-Palmitoyl-2-oleoyl-sn-glycero-3-phosphocholin
PyBOP®	(Benzotriazol-1-yloxy)-tripyrrolidinophosphonium-hexafluorophosphat
R_0	kritischer Förster-Radius
R_f	Retentionsfaktor
RP	Reverse Phase
RT	Raumtemperatur
s	Singulett
t	Triplett
T	Threonin
5(6)-TAMRA	5(6)-Carboxytetramethylrhodamin
***t*Bu**	tert-Butyl
TFA	Trifluoressigsäure
TFE	2,2,2-Trifluorenthanol
TFMSA	Trifluormethansulfonsäure
THF	Tetrahydrofuran
TIS	Triisopropylsilan
TMS	Tetramethylsilan
TOAC	2,2,6,6-Tetramethylpiperidin-1-oxyl-4-amino-4-carbonsäure
TOPP	4-(3,3,5,5-Tetramethyl-2,6-dioxo-4-oxylpiperazin-1-yl)-phenylglycin
t_R	Retentionszeit
Trp	Tryptophan
Tyr	Tyrosin
V	Valin
Val	Valin
W	Tryptophan
Z	Benzyloxycarbonylschutzgruppe

8. Literatur

[1] a) D. Voet, J. G. Voet, *Biochemistry*, 3rd ed., J. Wiley & Sons, Hoboken, NJ, New York, **2004**; b) J. Koolman, K.-H. Röhm, *Color atlas of biochemistry*, 2nd ed., Thieme, Stuttgart, New York, **2005**.

[2] D. Greenbaum, R. Jansen, M. Gerstein, *Bioinformatics* **2002**, *18*, 585.

[3] P. Agre, *Angew Chem Int Ed Engl* **2004**, *43*, 4278.

[4] K. Murata, K. Mitsuoka, T. Hirai, T. Walz, P. Agre, J. B. Heymann, A. Engel, Y. Fujiyoshi, *Nature* **2000**, *407*, 599.

[5] D. A. Doyle, J. Morais Cabral, R. A. Pfuetzner, A. Kuo, J. M. Gulbis, S. L. Cohen, B. T. Chait, R. MacKinnon, *Science* **1998**, *280*, 69.

[6] S. M. Butterfield, H. A. Lashuel, *Angew Chem Int Ed Engl* **2010**, *49*, 5628.

[7] V. P. Denysenkov, D. Biglino, W. Lubitz, T. F. Prisner, M. Bennati, *Angew Chem Int Ed Engl* **2008**, *47*, 1224.

[8] V. Singh, M. Azarkh, T. E. Exner, J. S. Hartig, M. Drescher, *Angew Chem Int Ed Engl* **2009**, *48*, 9728.

[9] A. Savitsky, K. Mobius, *Photosynth Res* **2009**, 102, 311.

[10] V. P. Denysenkov, T. F. Prisner, J. Stubbe, M. Bennati, *Proc Natl Acad Sci USA* **2006**, *103*, 13386.

[11] J. P. Newstadt, D. J. Mayo, J. J. Inbaraj, N. Subbaraman, G. A. Lorigan, *J Magn Reson* **2009**, *198*, 1.

[12] a) D. Marsh, D. Kurad, V. A. Livshits, *Magn Reson Chem* **2005**, *43*, 20; b) D. Kurad, G. Jeschke, D. Marsh, *Biophys J* **2003**, *85*, 1025.

[13] a) M. Bennati, T. F. Prisner, *Rep Prog Phys* **2005**, *68*, 411; b) M. M. Hertel, V. P. Denysenkov, M. Bennati, T. F. Prisner, *Magn Reson Chem* **2005**, *43*, 248.

[14] a) J. E. Banham, C. R. Timmel, R. J. Abbott, S. M. Lea, G. Jeschke, *Angew Chem Int Ed Engl* **2006**, *45*, 1058; b) A. Potapov, H. Yagi, T. Huber, S. Jergic, N. E. Dixon, G. Otting, D. Goldfarb, *J Am Chem Soc* **2010**, *132*, 9040; c) G. Sicoli, G. Mathis, O. Delalande, Y. Boulard, D. Gasparutto, S. Gambarelli, *Angew Chem Int Ed Engl* **2008**, *47*, 735; d) M. Sajid, G. Jeschke, M. Wiebcke, A. Godt, *Chemistry* **2009**, *15*, 12960; e) V. M. Grigoryants, K. A. DeWeerd, C. P. Scholes, *J Phys Chem B* **2004**, *108*, 9463; f) J. P. Klare, H. J. Steinhoff, *Photosynth Res* **2009**, *102*, 377; g) H.-J. Steinhoff, M. Müllar, C. Beier, M. Pfeiffer, *J Mol Liq* **2000**, *84*, 17; h) D. Marsh, M. Jost, C. Peggion, C. Toniolo, *Biophys J* **2007**, *92*, 4002; i) P. P. Borbat, A. J. Costa-Filho, K.

A. Earle, J. K. Moscicki, J. H. Freed, *Science* **2001**, *291*, 266; j) M. D. Rabenstein, Y. K. Shin, *Proc Natl Acad Sci USA* **1995**, *92*, 8239.

[15] G. Quinkert, M. V. Kisakürek, *Essays in contemporary chemistry: from molecular structure towards biology*, Wiley-VCH, Weinheim, Chichester, New York, **2001**.

[16] S. J. Nara, L. Valgimigli, G. F. Pedulli, D. A. Pratt, *J Am Chem Soc* **2010**, *132*, 863.

[17] A. R. Forrester, R. H. Thomson, *Nature* **1964**, *203*, 74.

[18] L. B. Volodarsky, V. A. Reznikov, V. I. Ovcharenko, *Synthetic chemistry of stable nitroxides*, CRC Press, Boca Raton, Fla., **1994**.

[19] a) R. Seidemann, L. Dulog, *Makromol. Chem.* **1986**, *187*, 2545; b) D. Mustafi, A. Sosa-Peinado, V. Gupta, D. J. Gordon, M. W. Makinen, *Biochemistry* **2002**, *41*, 797; c) T. Kálai, J. Schindler, M. Balog, E. Fogassyc, K. Hideg, *Tetrahedron* **2008**, *64*, 1094; d) T. Kálai, W. L. Hubbell, K. Hideg, *Synthesis* **2009**, *8*, 1336; e) N. Barhate, P. Cekan, A. P. Massey, S. T. Sigurdsson, *Angew Chem Int Ed Engl* **2007**, *46*, 2655; f) G. Sicoli, F. Wachowius, M. Bennati, C. Hobartner, *Angew Chem Int Ed Engl* **2010**.

[20] a) G. Sicoli, F. Wachowius, M. Bennati, C. Hobartner, *Angew Chem Int Ed Engl* **2010**, *49*, 6443; b) T. E. Edwards, T. M. Okonogi, B. H. Robinson, S. T. Sigurdsson, *J Am Chem Soc* **2001**, *123*, 1527.

[21] S. Obeid, M. Yulikov, G. Jeschke, A. Marx, *Angew Chem Int Ed Engl* **2008**, *47*, 6782.

[22] L. Martin, A. Ivancich, C. Vita, F. Formaggio, C. Toniolo, *J Pept Res* **2001**, *58*, 424.

[23] O. Schiemann, P. Cekan, D. Margraf, T. F. Prisner, S. T. Sigurdsson, *Angew Chem Int Ed Engl* **2009**, *48*, 3292.

[24] a) E. S. Karp, J. J. Inbaraj, M. Laryukhin, G. A. Lorigan, *J Am Chem Soc* **2006**, *128*, 12070; b) D. J. Mayo, J. J. Inbaraj, N. Subbaraman, S. M. Grosser, C. A. Chan, G. A. Lorigan, *J Am Chem Soc* **2008**, *130*, 9656.

[25] a) C. Toniolo, E. Valente, F. Formaggio, M. Crisma, G. Pilloni, C. Corvaja, A. Toffoletti, G. V. Martinez, M. P. Hanson, G. L. Millhauser, et al., *J Pept Sci* **1995**, *1*, 45; b) J. L. Flippen-Anderson, C. George, G. Valle, E. Valente, A. Bianco, F. Formaggio, M. Crisma, C. Toniolo, *Int J Pept Protein Res* **1996**, *47*, 231; c) P. Hanson, D. J. Anderson, G. Martinez, G. Millhauser, F. Formaggio, M. Crisma, C. Toniolo, C. Vita, *Molecular Physics* **1998**, *95*, 957

[26] M. Crisma, J. R. Deschamps, C. George, J. L. Flippen-Anderson, B. Kaptein, Q. B. Broxterman, A. Moretto, S. Oancea, M. Jost, F. Formaggio, C. Toniolo, *J Pept Res* **2005**, *65*, 564.

[27] D. Marsh, *J Magn Reson* **2006**, *180*, 305.

[28] M. D'Amore, R. Improta, V. Barone, *J Phys Chem A* **2003**, *107*, 6264.

[29] A. D. Milov, A. G. Maryasov, Y. D. Tsvetkov, J. Raap, *Chem Phys Lett* **1999**, *303*, 135.

[30] T. Yoshioka, E. Mori, K. Murayama, *Bull Chem Soc Jpn* **1972**, *45*, 1855.

[31] R. W. Glaser, C. Sachse, U. H. Durr, P. Wadhwani, A. S. Ulrich, *J Magn Reson* **2004**, *168*, 153.

[32] G. Bunkoczi, L. Vertesy, G. M. Sheldrick, *Angew Chem Int Ed Engl* **2005**, *44*, 1340.

[33] M. Goodman, C. Zapf, Y. Rew, *Biopolymers* **2001**, *60*, 229.

[34] L. Ackermann, A. Althammer, S. Fenner, *Angew Chem Int Ed Engl* **2009**, *48*, 201.

[35] a) Y. Gong, W. He, *Org Lett* **2002**, *4*, 3803; b) G. Moarbess, C. Deleuze-Masquefa, V. Bonnard, S. Gayraud-Paniagua, J.-R. Vidal, F. Bressolle, F. Pinguet, P.-A. Bonnet, *Bioorg Med Chem* **2008**, *16*, 6601.

[36] a) K. L. Reddy, K. B. Sharpless, *J Am Chem Soc* **1998**, *120*, 1207; b) A. M. Seayad, B. Ramalingam, K. Yoshinaga, T. Nagata, C. L. L. Chai, *Org Lett* **2010**, *12*, 264.

[37] a) N. Yasuda, H. Iwagami, E. Nakanishi, T. Nakamiya, Y. Sasaki, T. Murata, *J Antibiot* **1983**, *36*, 242; b) N. Yasuda, *J Heterocyclic Chem* **1985**, *22*, 413.

[38] a) C. Jenny, H. Heimgartner, *Helv Chim Acta* **1986**, *69*, 374; b) C. E. Ramey, J. J. Luzzi, US Patent 3920659, **1975**.

[39] a) V. Barone, A. Bencini, M. Cossi, A. D. Matteo, M. Mattesini, F. Totti, *J Am Chem Soc* **1998**, *120*, 7069; b) M. D'Amore, R. Improta, V. Barone, *J Phys Chem A* **2003**, *107*, 6264.

[40] Gaussian 09, Revision A.02, M. J. Frisch, G. W. Trucks, H. B. Schlegel, G. E. Scuseria, M. A. Robb, J. R. Cheeseman, G. Scalmani, V. Barone, B. Mennucci, G. A. Petersson, H. Nakatsuji, M. Caricato, X. Li, H. P. Hratchian, A. F. Izmaylov, J. Bloino, G. Zheng, J. L. Sonnenberg, M. Hada, M. Ehara, K. Toyota, R. Fukuda, J. Hasegawa, M. Ishida, T. Nakajima, Y. Honda, O. Kitao, H. Nakai, T. Vreven, J. A. Montgomery, Jr., J. E. Peralta, F. Ogliaro, M. Bearpark, J. J. Heyd, E. Brothers, K. N. Kudin, V. N. Staroverov, R. Kobayashi, J. Normand, K. Raghavachari, A. Rendell, J. C. Burant, S. S. Iyengar, J. Tomasi, M. Cossi, N. Rega, J. M. Millam, M. Klene, J. E. Knox, J. B. Cross, V. Bakken, C. Adamo, J. Jaramillo, R. Gomperts, R. E. Stratmann, O. Yazyev, A. J. Austin, R. Cammi, C. Pomelli, J. W. Ochterski, R. L. Martin, K. Morokuma, V. G. Zakrzewski, G. A. Voth, P. Salvador, J. J. Dannenberg, S. Dapprich, A. D. Daniels, O. Farkas, J. B. Foresman, J. V. Ortiz, J. Cioslowski, D. J. Fox, Gaussian, Inc., Wallingford CT, **2009**.

[41] a) R. J. Moreau, C. R. Schubert, K. A. Nasr, M. Torok, J. S. Miller, R. J. Kennedy, D. S. Kemp, *J Am Chem Soc* **2009**, *131*, 13107; b) P. Wallimann, R. J. Kennedy, J. S. Miller, W. Shalongo, D. S. Kemp, *J Am Chem Soc* **2003**, *125*, 1203.

[42] P. Luo, R. L. Baldwin, *Biochemistry* **1997**, *36*, 8413.

[43] J. Kyte, R. F. Doolittle, *J Mol Biol* **1982**, *157*, 105.

[44] a) R. Guerois, M. López de la Paz, *Protein design: methods and applications*, Humana Press, Totowa, N.J., **2006**; b) S. Marqusee, R. L. Baldwin, *Proc Natl Acad Sci USA* **1987**, *84*, 8898.

[45] A. Chakrabartty, T. Kortemme, R. L. Baldwin, *Protein Sci* **1994**, *3*, 843.

[46] Maestro, version 9.1, Schrödinger, LLC, New York, NY, **2010**.

[47] P. Rice, I. Longden, A. Bleasby, *Trends Genet* **2000**, *16*, 276.

[48] J. H. Osiecki, E. F. Ullman, *J Am Chem Soc* **1968**, *90*, 1078.

[49] A. Israeli, M. Patt, M. Oron, A. Samuni, R. Kohen, S. Goldstein, *Free Radical Biol Med* **2005**, *38*, 317.

[50] L. Williams, K. Kather, D. S. Kemp, *J Am Chem. Soc* **1998**, *120*, 11033.

[51] a) S. Lifson, A. Roig, *J Chem Phys* **1961**, *34*, 1963; b) H. Qian, J. A. Schellman, *J Phys Chem* **1992**, *96*, 3987; c) D. S. Kemp, *Helv Chim Acta* **2002**, *35*, 4392; d) A. J. Doig, R. L. Baldwin, *Protein Sci* **1995**, *4*, 1325.

[52] a) J. T. Yang, C.-S. C. Wu, H. M. Martinez, *Methods Enzymol* **1986**, *130*, 208; b) N. Greenfield, G. D. Fasman, *Biochemistry* **1969**, *8*, 4108; c) R. W. Woody, *Methods Enzymol* **1995**, *246*, 34.

[53] a) M. L. Tiffany, S. Krimm, *Biopolymers* **1972**, *11*, 2309; b) R. W. Woody, *Adv Biophys Chem* **1992**, *96*, 37; c) S.-H. Park, W. Shalongo, S. E., *Protein Sci* **1997**, *6*, 1694.

[54] P. J. Gans, P. C. Lyu, M. C. Manning, R. W. Woody, N. R. Kallenbach, *Biopolymers* **1991**, *31*, 1605.

[55] A. Chakrabartty, T. Kortemme, S. Padmanabhan, R. L. Baldwin, *Biochemistry* **1993**, *32*, 5560.

[56] a) J. L. Popot, D. M. Engelman, *Biochemistry* **1990**, *29*, 4031; b) J. L. Popot, S. E. Gerchman, D. M. Engelman, *J Mol Biol* **1987**, *198*, 655.

[57] L. Adamian, J. Liang, *Proteins* **2002**, *47*, 209.

[58] H. Gratkowski, J. D. Lear, W. F. DeGrado, *Proc Natl Acad Sci USA* **2001**, *98*, 880.

[59] J. D. Lear, H. Gratkowski, L. Adamian, J. Liang, W. F. DeGrado, *Biochemistry* **2003**, *42*, 6400.

[60] W. P. Russ, D. M. Engelman, *J Mol Biol* **2000**, *296*, 911.

[61] F. X. Zhou, M. J. Cocco, W. P. Russ, A. T. Brunger, D. M. Engelman, *Nat Struct Biol* **2000**, *7*, 154.

[62] F. X. Zhou, H. J. Merianos, A. T. Brunger, D. M. Engelman, *Proc Natl Acad Sci USA* **2001**, *98*, 2250.

[63] J. P. Dawson, J. S. Weinger, D. M. Engelman, *J Mol Biol* **2002**, *316*, 799.

[64] a) A. R. Curran, D. M. Engelman, *Curr Opin Struct Biol* **2003**, *13*, 412; b) R. A. Melnyk, S. Kim, A. R. Curran, D. M. Engelman, J. U. Bowie, C. M. Deber, *J Biol Chem* **2004**, *279*, 16591; c) A. Senes, I. Ubarretxena-Belandia, D. M. Engelman, *Proc Natl Acad Sci USA* **2001**, *98*, 9056.

[65] R. Sarges, B. Witkop, *J Am Chem Soc* **1965**, *87*, 2011.

[66] a) F. Kovacs, J. Quine, T. A. Cross, *Proc Natl Acad Sci USA* **1999**, *96*, 7910; b) R. R. Ketchem, K. C. Lee, S. Huo, T. A. Cross, *J Biomol NMR* **1996**, *8*, 1; c) B. M. Burkhart, R. M. Gassman, D. A. Langs, W. A. Pangborn, W. L. Duax, *Biophys J* **1998**, *75*, 2135.

[67] B. A. Wallace, *J Struct Biol* **1998**, *121*, 123.

[68] a) A. S. Arseniev, I. L. Barsukov, V. F. Bystrov, A. L. Lomize, A. Ovchinnikov Yu, *FEBS Lett* **1985**, *186*, 168; b) R. Fu, M. Cotten, T. A. Cross, *J Biomol NMR* **2000**, *16*, 261.

[69] a) D. Salom, E. Perez-Paya, J. Pascal, C. Abad, *Biochemistry* **1998**, *37*, 14279; b) J. A. Killian, K. U. Prasad, D. Hains, D. W. Urry, *Biochemistry* **1988**, *27*, 4848.

[70] M. C. Bano, L. Braco, C. Abad, *FEBS Lett* **1989**, *250*, 67.

[71] a) P. V. LoGrasso, F. Moll, 3rd, T. A. Cross, *Biophys J* **1988**, *54*, 259; b) J. A. Killian, D. W. Urry, *Biochemistry* **1988**, *27*, 7295; c) A. M. O'Connell, R. E. Koeppe, 2nd, O. S. Andersen, *Science* **1990**, *250*, 1256; d) M. C. Bano, L. Braco, C. Abad, *Biochemistry* **1991**, *30*, 886; e) M. C. Bano, L. Braco, C. Abad, *Biophys J* **1992**, *63*, 70.

[72] a) G. P. Lorenzi, L. Tomasic, *Makromol Chem* **1988**, *1988*, 207; b) B. Di Blasio, E. Benedetti, V. Pavone, C. Pedone, O. Spiniello, G. P. Lorenzi, *Biopolymers* **1989**, *28*, 193.

[73] D. U. Römer, E. Fenude-Schoch, G. P. Lorenzi, H. Rüegger, *Helv Chim Acta* **1993**, *76*, 451.

[74] a) E. Navarro, E. Fenude, B. Celda, *Biopolymers* **2004**, *73*, 229; b) E. Navarro, E. Fenude, B. Celda, *Biopolymers* **2002**, *64*, 198; c) E. Navarro, R. Tejero, E. Fenude, B. Celda, *Biopolymers* **2001**, *59*, 110.

[75] G. P. Lorenzi, C. Gerber, H. Jaeckle, *Macromolecules* **1985**, *18*, 154.

[76] B. Di Blasio, E. Benedetti, V. Pavone, C. Pedone, C. Gerber, G. P. Lorenzi, *Biopolymers* **1989**, *28*, 203.

[77] G. P. Lorenzi, C. Gerber, H. Jackle, *Biopolymers* **1984**, *23*, 1905.

[78] E. Alexopoulos, A. Küsel, G. M. Sheldrick, U. Diederichsen, I. Uson, *Acta Crystallogr D Biol Crystallogr* **2004**, *60*, 1971.

[79] R. Parthasarathy, J. T. Groves, *Cell Biochem Biophys* **2004**, *41*, 391.

[80] T. Förster, *Ann. Phys.* **1948**, *6*, 55.

[81] J. Szollosi, S. Damjanovich, L. Matyus, *Cytometry* **1998**, *34*, 159.

[82] N. J. Turro, *Modern molecular photochemistry*, University Science Books, Sausolito, Calif., **1991**.

[83] U. Diederichsen, *Angew Chem Int Ed Engl* **1997**, *36*, 1886.

[84] P. E. Schneggenburger, A. Beerlink, B. Worbs, T. Salditt, U. Diederichsen, *Chemphyschem* **2009**, *10*, 1567.

[85] S. Stoller, *Synthese von Peptidhelices und Untersuchungen zum Einbau in Membranen*, Diplomarbeit, Georg-August-Universität Göttingen, **2006**.

[86] B. M. Burkhart, R. M. Gassman, D. A. Langs, W. A. Pangborn, W. L. Duax, *Biophys J* **1998**, *75*, 2135.

[87] Macromodel, version 6.0, Schrödinger, LLC, New York, NY, **2003**.

[88] U. Diederichsen, *Angew Chem Int Ed Engl* **1996**, *35*, 445.

[89] a) L. Cristian, J. D. Lear, W. F. DeGrado, *Proc Natl Acad Sci USA* **2003**, *100*, 14772; b) J. Ren, S. Lew, J. Wang, E. London, *Biochemistry* **1999**, *38*, 5905; c) J. Ren, S. Lew, Z. Wang, E. London, *Biochemistry* **1997**, *36*, 10213.

[90] J. T. Vivian, P. R. Callis, *Biophys J* **2001**, *80*, 2093.

[91] A. Chattopadhyay, S. Mukherjee, *J. Phys. Chem. B* **1999**, *103*, 8180.

[92] P. Balgavy, M. Dubnickova, N. Kucerka, M. A. Kiselev, S. P. Yaradaikin, D. Uhrikova, *Biochim Biophys Acta* **2001**, *1512*, 40.

[93] I. T. Arkin, A. T. Brunger, *Biochim Biophys Acta* **1998**, *1429*, 113.

[94] a) J. A. Kritzer, O. M. Stephens, D. A. Guarracino, S. K. Reznik, A. Schepartz, *Bioorg Med Chem* **2005**, *13*, 11; b) A. M. Bruckner, P. Chakraborty, S. H. Gellman, U. Diederichsen, *Angew Chem Int Ed Engl* **2003**, *42*, 4395.

[95] J. Podlech, D. Seebach, *Angew Chem Int Ed Engl* **1995**, *34*, 471.

[96] a) T. L. Raguse, J. R. Lai, S. H. Gellman, *Helv Chim Acta* **2002**, *85*, 4154; b) R. P. Cheng, S. H. Gellman, W. F. DeGrado, *Chem Rev* **2001**, *101*, 3219.

Lebenslauf

Persönliche Daten

Name:	Sven Stoller
Geburtsdaten:	24.08.1980 in Strezevoj, Russland
Staatsangehörigkeit:	deutsch

Promotion, Studium

04/2007 – 12/2010	Dissertation im Arbeitskreis von Prof. Dr. Ulf Diederichsen, Institut für Organische und Biomolekulare Chemie, Göttingen Titel: *„Synthese und Anwendung eines neuen Spinlabels und Untersuchung der Assoziation von Nukleobasen-funktionalisierten Transmembranpeptiden in Lipiddoppelschichten"*
09/2001 – 01/2007	Studium der Chemie an der Ruprecht-Karls-Universität Heidelberg und an der Georg-August-Universität Göttingen mit dem Abschluss: Diplom Diplomarbeit im Arbeitskreis von Prof. Dr. Ulf Diederichsen, Institut für Organische und Biomolekulare Chemie, Göttingen Titel: *„Synthese von Peptidhelices und Untersuchungen zum Einbau in Membranen"*

Auslandsaufenthalt

07/2005 – 09/2005	Forschungspraktikum, University of Wales, Bangor Titel: *„Synthesis of an Analogue of Batzelladine A"*

Zivildienst, Schule

07/2000 – 05/2001	Zivildienst in der Herzog-Julius-Klinik, Bad Harzburg
26.06.2000	Hochschulreife am Werner-von-Siemens-Gymnasium, Bad Harzburg